计算机应用基础实训指导与习题集

主　编：张丽霞　苏宝程
副主编：王若东　马一路　王　菲　孙晓燕
参　编：耿洪淼　李晓伟

北京理工大学出版社
BEIJING INSTITUTE OF TECHNOLOGY PRESS

版权专有　侵权必究

图书在版编目（CIP）数据

计算机应用基础实训指导与习题集/张丽霞，苏宝程主编．—北京：北京理工大学出版社，2018.8（2021.1 重印）

ISBN 978－7－5682－6096－1

Ⅰ.①计…　Ⅱ.①张…②苏…　Ⅲ.①电子计算机－高等职业教育－教学参考资料　Ⅳ.①TP3

中国版本图书馆 CIP 数据核字（2018）第 185238 号

出版发行 / 北京理工大学出版社有限责任公司
社　　址 / 北京市海淀区中关村南大街 5 号
邮　　编 / 100081
电　　话 / （010）68914775（总编室）
　　　　　（010）82562903（教材售后服务热线）
　　　　　（010）68948351（其他图书服务热线）
网　　址 / http：//www.bitpress.com.cn
经　　销 / 全国各地新华书店
印　　刷 / 涿州市新华印刷有限公司
开　　本 / 787 毫米 × 1092 毫米　1/16
印　　张 / 15.5　　　　　　　　　　　　　　　责任编辑 / 王玲玲
字　　数 / 365 千字　　　　　　　　　　　　　文案编辑 / 王玲玲
版　　次 / 2018 年 8 月第 1 版　2021 年 1 月第 4 次印刷　　责任校对 / 周瑞红
定　　价 / 42.00 元　　　　　　　　　　　　　责任印制 / 施胜娟

图书出现印装质量问题，请拨打售后服务热线，本社负责调换

前　　言

本书是计算机应用基础课程的配套实训教材，是以应用能力为出发点，全面采用案例分析式教学方法，以《全国计算机等级考试一级计算机基础及 MS Office 应用考试大纲（2013版）》为知识范畴来编写的。

本书是《计算机应用基础案例教程》（王若东主编）的配套教材，全书内容由"实训案例"和"习题"两部分组成。在"实训案例"部分安排了计算机基础知识、Windows 7 操作系统基础、Word 2010 文字处理软件、Excel 2010 电子表格软件、PowerPoint 2010 演示文稿软件、计算机网络基础及常用工具软件等内容的实训，"习题"部分为"实训案例"中除第 7 章外，其余各章对应的习题。实训和习题主要从实际工作需要和全国计算机等级考试一级计算机基础及 MS Office 认证考试方面进行编写，以提高读者的应试和实际操作能力。

本书由张丽霞、苏宝程任主编，王若东、马一路、孙晓燕、王菲任副主编。其中第一部分"实训案例"第 1 章、第 4 章由乌海职业技术学院张丽霞老师编写，第 2 章、第 5 章、第 7 章由乌海职业技术学院王若东、马一路、孙晓燕、王菲、李晓伟等编写，第 3 章、第 6 章由乌海职业技术学院苏宝程老师编写。第二部分"习题"由张丽霞和耿洪淼编写。

由于编写时间仓促，编者水平有限，书中难免存在疏漏和不足之处，敬请读者批评指正。

编　者

目　录

第一部分　实训案例

第1章　计算机基础知识 ... 3
实训1　设置BIOS ... 3
实训2　组装计算机 ... 8
实训3　连接外设 ... 18
实训4　指法练习 ... 24

第2章　Windows 7操作系统基础 ... 28
实训1　熟悉Windows界面 ... 28
实训2　设置和使用输入法 ... 37
实训3　Windows文件管理 ... 41
实训4　Windows的磁盘管理 ... 53
实训5　"开始"菜单、任务栏和资源管理器 ... 61
实训6　系统属性及账户管理 ... 66

第3章　Word 2010文字处理软件 ... 77
实训1　制作天元公司会议通知 ... 77
实训2　制作公司员工培训成绩统计表 ... 82
实训3　制作某大学计算机系"和谐家园"简报 ... 90

第4章　Excel 2010电子表格软件 ... 100
实训1　工作簿的数据建立 ... 100
实训2　工资表的数据处理 ... 109
实训3　工作表的格式化和打印 ... 123
实训4　图表 ... 129

第5章　PowerPoint 2010演示文稿软件 ... 134
实训1　制作"爱护环境"演示文稿 ... 134
实训2　制作教学课件"乌鸦喝水" ... 143
实训3　制作"新车上市推广活动方案" ... 150

第6章　计算机网络基础 ... 159
实训1　建立新连接 ... 159
实训2　使用互联网 ... 166

第 7 章　常用工具软件 ………………………………………………………………… 181
　　实训 1　WinRAR ………………………………………………………………… 181
　　实训 2　虚拟光驱 ………………………………………………………………… 186

第二部分　习　　题

第 1 章　计算机基础知识 ……………………………………………………………… 193
第 2 章　Windows 7 操作系统基础 …………………………………………………… 202
第 3 章　Word 2010 文字处理软件 …………………………………………………… 213
第 4 章　Excel 2010 电子表格软件 …………………………………………………… 220
第 5 章　PowerPoint 2010 演示文稿软件 …………………………………………… 225
第 6 章　计算机网络基础 ……………………………………………………………… 233

第一部分
实训案例

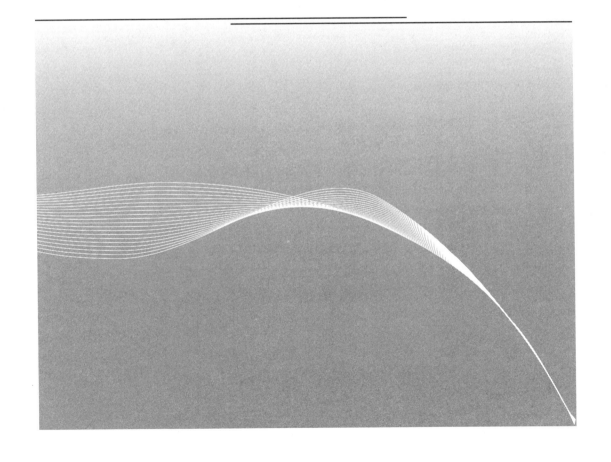

第1章

计算机基础知识

实训1 设置 BIOS

【实训目标】

掌握计算机的 BIOS 参数设置方法。

【实训要求】

(1) 了解 CMOS 设置与 BIOS 设置的概念。
(2) 熟练掌握 BIOS 主要参数的设置过程。

【实训步骤】

1. 开机进入 CMOS 设置主菜单

当计算机启动屏幕出现如图1-1所示的开机启动界面时,屏幕下方有一行提示信息"Press DEL to enter SETUP",此时按下 Delete 键,出现 BIOS 设置程序主菜单,如图1-2所示。

图1-1 开机启动界面

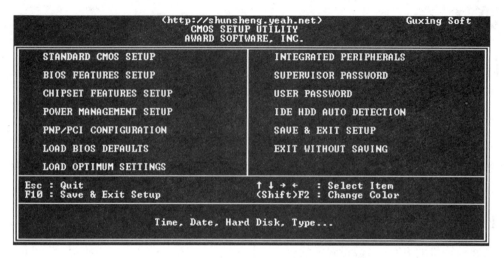

图 1-2 BIOS 设置程序主菜单

2. 进行标准 CMOS 设置

在图 1-2 主界面中，选择"STANDARD CMOS SETUP"项后，按 Enter 键即可进入标准 CMOS 设置界面，如图 1-3 所示。在该界面中，可设置系统的一些基本硬件配置、系统日期、时间、软盘驱动器的类型等参数，其中关于内存的一些基本参数是系统自动配置的。进行某一项目的设置时，将光标通过方向键移至该项，按 Page Down 和 Page Up 键改变设置内容，然后按 Esc 键退出本项设置即可。

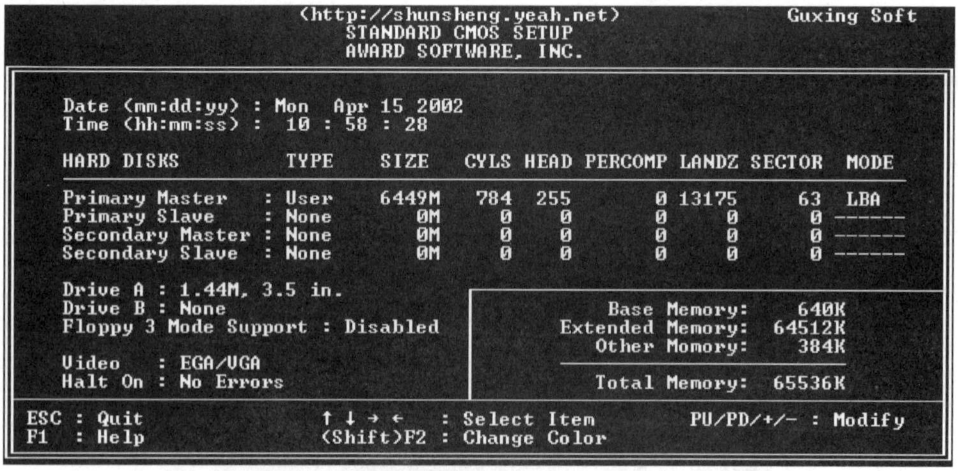

图 1-3 标准 CMOS 设置界面

标准 CMOS 设置项目包括系统日期和时间、IDE 接口设备等内容。

（1）设置系统日期和时间。

将光标通过方向键移至 Date < mm:dd:yy > 项，设置当前计算机的系统日期，格式为

"星期、月、日、年",用户只需通过 Page Up 和 Page Down 键调整日期值,系统会自动换算星期值。

将光标通过方向键移至 Time < hh:mm:ss > 项,这里以 24 小时制设置系统时间,格式为"时:分:秒"。

(2) IDE 接口设备的设置。

在标准 CMOS 设置中,最重要的设置项目是 IDE 接口设备的设置。一般的计算机在主板上有两组 IDE 插槽,每组有两个接口,因此主板上最多可连接 4 个硬盘,并且在这里还提供了磁盘容量、柱面数、磁头数、扇区和模式等磁盘信息,如图 1-3 所示。这些设备按照接入主板时的连线方式分别称为 Primary Master(第 1 主盘)、Primary Slave(第 1 从盘)、Secondary Master(第 2 主盘)、Secondary Slave(第 2 从盘)。要让这些设备在计算机中正常工作,必须在此进行相应的设置。

将光标通过方向键移至 Primary Master,然后按 Enter 键,其设置界面中的 IDE HDD AUTO DETECTION 为硬盘自动检测,将光标移至此项并按下 Enter 键,则开始自动检测硬盘的各种参数。IDE Primary Master 项设置硬盘型号,Access Mode 项设置硬盘工作模式,这两项建议选择 Auto 参数值,以便让系统自动识别硬盘。完成硬盘自动检测后,各种硬盘参数如柱面数、扇区数等会按照检测结果自动显示。

设置完成后,按 Esc 键回到图 1-3 所示的界面,使用同样的方法可完成其他 IDE 接口设备的设置,这里建议对所有的 IDE 接口设备采用自动检测的方法进行设置,避免人工设置可能带来的错误。

3. BIOS 特性设置

BIOS 特性设置主要用于改善系统的性能,这是 BIOS 设置中最重要的一项。在图 1-2 所示的界面中选择 "BIOS FEATURES SETUP" 项并按 Enter 键,即可进入 BIOS 特性设置界面,如图 1-4 所示。

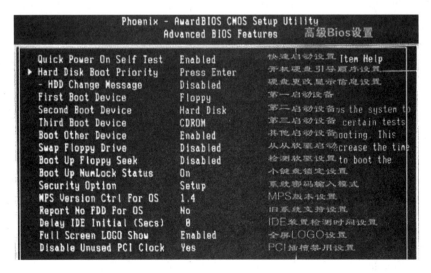

图 1-4 BIOS 特性设置

在此项设置中,主要进行计算机启动顺序的设置。

这里可以设置的启动顺序有3个:

①First Boot Device(第一优先启动设备);

②Second Boot Device(第二优先启动设备);

③Third Boot Device(第三优先启动设备)。

计算机在启动时,首先从第一优先启动设备中载入系统启动信息,如果成功,则正常启动,若载入失败,则依次尝试在第二、第三优先启动设备中寻找启动信息,来启动计算机。

通常来说,只考虑第一、第二启动设备的设置即可。常用启动顺序设置说明见表1-1。

表1-1 常用启动顺序设置说明

启动设备设置		说明
First Boot Device	Second Boot Device	
Floppy	HDD-0	表示从A盘(软盘)引导,系统如没有装入A盘,则从C盘引导。它一般适用于对新组装的计算机进行硬盘分区、格式化及安装操作系统等操作
HDD-0	Floppy	表示引导盘的顺序为C盘、A盘。采取这种方法设置可以防止有些用户误用软盘启动而导入病毒
CD-ROM	HDD-0	表示引导的顺序为CO-ROM光驱、C盘。绝大多数情况下,在一台新机器上安装操作系统时,可直接从CD-ROM上启动

在BIOS特性设置中,其他需要注意的主要设置项说明如下。

(1) Quick Power On Self Test(快速开机自检)。

当计算机加电开机的时候,主板上的BIOS会执行一连串的检查测试,检查的对象是系统和周边设备。当设定为Enabled(启动)时,这个项目在系统电源开启之后,可加速POST(Power On Self Test)的程序。BIOS会在POST过程中缩短或是跳过一些检查项目,从而缩短启动等待的时间。

(2) Anti-Virus Protection(反病毒保护)。

当该项设定为Enabled时,如果有软件要在引导区或者在硬盘分配表中写入信息,BIOS会警告可能有病毒侵入。

说明: 在安装Windows操作系统时,要将该项设定为Disabled,因为在安装时需要向引导扇区写入系统信息;如果设定为Enabled,系统会误以为是病毒侵入而中断操作。

(3) Hard Disk Boot Priority(硬盘引导顺序)。

此项可选择硬盘开机的优先级,按下Enter键可以进入它的子菜单,其会显示出已侦测到可以选择开机顺序的硬盘,用来启动系统。当然,这个选项要在安装了两块或者两块以上的硬盘时才能选择。

(4) HDD Change Message(硬盘变化信息)。

当设定为Enabled(启动)时,如果系统中所安装的硬盘有变化,在POST的开机过程中,屏幕会出现一条提示信息。

(5) Boot Up Floppy Seek(启动时检查软驱)。

当计算机加电开机时，BIOS 会检查软驱是否存在。

（6） Boot Up NumLock Status（启动时数字小键盘的状态）。

设置为 On 时，开机后键盘右侧的数字小键盘设定为数字输入模式；设置 Off 时，开机后，键盘右侧的数字小键盘设定为方向键盘模式。

（7） Security Option（密码设定选项）。

此选项为计算机的开机密码设置不同的权限级别，共有两个选项可以选择：System 和 Setup。

4. 密码设定

BIOS 的密码可以分为系统管理员密码和使用者密码（一般用户密码）两种，如图 1-5 所示。

图 1-5　密码设定主界面

（1） SUPERVISOR PASSWORD。

系统管理员密码是针对系统开机及 BIOS 设置的防护。

（2） USER PASSWORD。

使用者密码则只针对系统开机时的口令设置。

这两项的设置也相当简单，即在 BIOS 设置的主界面中分别选"SUPERVISOR PASSWORD"或"USER PASSWORD"项后，按 Enter 键进入"Enter Password"界面，如图 1-6 所示。此时输入想要设置的密码并按 Enter 键，界面提示"Confirm Password"，如图 1-7 所示。此时再重复输入密码以进行确认，输入完成后，按 Enter 键即完成了密码的设定。

说明：如果两次输入的密码不一样，则密码设置不成功。输入的密码长度最长为 8 个数字或符号，而且有大小之分。系统管理员密码无法取消，只有使用者密码才可以取消，若要取消使用者密码，只需在重新打开密码提示框时，直接按两次 Enter 键即可。

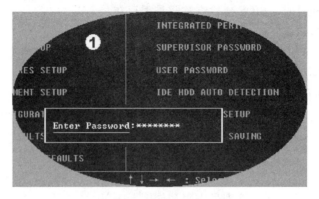

图 1-6 "Enter Password" 界面

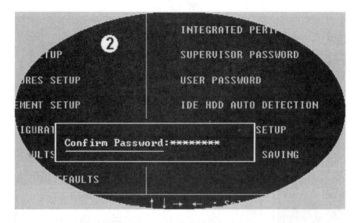

图 1-7 "Confirm Password" 界面

5. 保存设置并退出

在完成 BIOS 设置后,若想让设置的内容有效,则必须将所做的设置进行保存并重新启动计算机。在图 1-2 所示的主菜单中两个设置选项:

(1) Save & Exit Setup(保存并退出)或者按下 F10 键。

(2) Exit Without Saving(不保存退出)。

至此,CMOS 的设置完成,重新启动计算机后就可以正常工作了。如果没有特殊情况,一般 CMOS 设置不必改动。

这里仅仅介绍了 CMOS 设置中的部分常用项目,对于普通的计算机用户而言,这些常用项目的设置已足够使用,但如果想让计算机工作在更优化的状态下,那么还需要很多其他项目的设置,有兴趣的读者可自行研究。

实训 2 组装计算机

【实训目标】

计算机的硬件是计算机的基础,通过本实训要掌握计算机系统的组成、硬件的安装方法、配件的接口类型及修改跳线的方法。

【实训要求】

（1）按规定方法安装 CPU 和 CPU 风扇。
（2）安装主板、显卡、内存条等板卡。
（3）连接各类设备的电源线和数据线。

【实训步骤】

1. 安装 CPU 和 CPU 风扇

在把主板装入机箱之前，应先把 CPU 及内存条装上，因为这两种配件在机箱外安装较为方便。

（1）用适当的力向下微压固定 CPU 的压杆，同时用力往外推压杆，使其脱离固定卡扣，拉起 CPU 插座边的拉杆，使其成 90°，如图 1-8 所示，再将固定 CPU 的扣盖打开。

图 1-8　拉起拉杆

（2）将 CPU 安装到主板上，安装时注意 CPU 与主板底座上的触点相对应，如图 1-9 所示。

（3）将 CPU 安放到位后，盖好扣盖，并反方向微用力扣下处理器的压杆。至此，CPU 便被稳稳地安装到主板上了，安装过程结束。

（4）在 CPU 的核心上涂上散热硅胶，不需要太多，只要薄薄涂上一层就可以了，主要是使 CPU 和散热器接触良好，使 CPU 能稳定地工作。

（5）将 CPU 风扇平稳地放在 CPU 的核心上，并将散热器的四角对准主板相应的位置，然后用力压下四角扣具即可，如图 1-10 所示。

（6）将风扇电源线插入主板相应的接口，主板上的标识字符为 CPU_FAN，如图 1-11 所示。

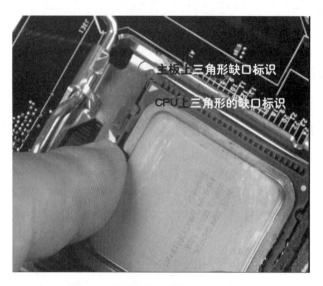

图 1-9　安装 CPU

图 1-10　安装 CPU 风扇

图 1-11　插入 CPU 电源线

2. 安装内存条

在安装内存条时，一定要将其金手指与主板上的内存插槽口的位置相对应才能安装，否则有可能会损坏内存条。

（1）将内存插槽两端的扣具往外侧扳动，使内存条能够插入，如图1－12所示。

图1－12　打开扣具

（2）拿起内存条，然后将其引脚的缺口对准内存插槽内的凸起，用两拇指按住内存条两端轻微向下压，听到"啪"的一声响后，即说明内存条安装到位，如图1－13所示。

图1－13　安装内存条

（3）如果需要安装第二根内存条，操作同上。但要注意，第二根内存条要安装在与第一根内存条相同颜色的内存插槽上，以便打开双通道功能，提高系统性能，如图1－14所示。

3. 安装主板

（1）将主板卡钉底座安放到机箱主板托架的对应位置，并将其拧紧，如图1－15所示。安装前最好比对一下，以免将主板卡钉底座装错位置。

（2）依次检查各卡钉位置是否正确，确定正确后，双手托住主板，将主板放入机箱，如图1－16所示。

图 1-14 双内存安装完毕

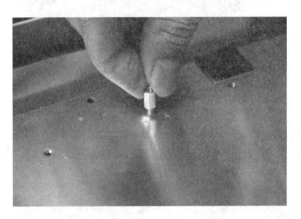

图 1-15 安装主板卡钉底座

图 1-16 放入主板

（3）确定机箱是否安放到位，可以通过机箱背部的挡板来确定，如图 1-17 所示。

（4）将主板固定到机箱内，尽量采用对角固定的方式安装螺钉。在安装螺钉时，注意每颗螺钉不要一次性拧紧，等全部螺钉安装到位后，再将每颗螺钉拧紧，这样做的好处是随时可以对主板的位置进行调整，如图 1-18 所示。

（5）至此，主板安装完成，如图 1-19 所示。

图 1-17　通过挡板确定主板是否安装正确

图 1-18　固定主板

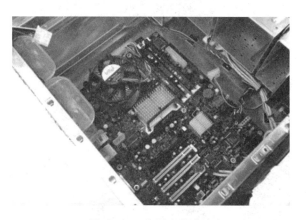

图 1-19　主板安装完毕

4. 安装硬盘、光驱

在安装好 CPU、内存条和主板之后，需要将硬盘固定在机箱的 3.5 英寸①硬盘托架上。对于普通的机箱，只需要将硬盘放入机箱的硬盘托架上，拧紧螺钉使其固定即可；对于可拆

---

①　1 英寸 = 2.54 厘米。

卸的 3.5 英寸机箱托架，则可将托架从机箱上卸下后，再在托架上安装硬盘。

（1）取出 3.5 英寸硬盘托架，如图 1-20 所示。

图 1-20　取出硬盘托架

（2）将硬盘安装到硬盘托架上，并拧紧螺钉，如图 1-21 所示。

图 1-21　将硬盘安装到硬盘托架上

（3）将硬盘托架重新装入机箱，并将固定扳手拉回原位固定好硬盘托架，如图 1-22 所示。

图 1-22　将硬盘托架固定在机箱上

（4）安装光驱的滑槽，如图 1-23 所示。

（5）拆除机箱正面的光驱挡板，从外将光驱推入机箱托架中，如图 1-24 所示。

图 1-23 安装光驱滑槽

图 1-24 安装光驱到机箱

(6) 当光驱面板和机箱前面板持平时，拧好螺钉，光驱安装完毕，如图 1-25 所示。

图 1-25 光驱安装完毕

5. 安装显卡

计算机中有许多适配卡，如显卡、声卡、网卡、电视卡等，它们都是通过主板上的插槽与主板相连接的。这些适配卡的安装过程基本相同，下面以显卡安装为例。

(1) 找到主板显卡的插槽，如图 1-26 所示。

图 1-26　PCI-E 显卡插槽

（2）用手轻握显卡两端，垂直对准主板上的显卡插槽，并将其接口与机箱后置挡板上的接口位对齐后，向下轻压将显卡安装到显卡插槽中，如图 1-27 所示。声卡、网卡等计算机板卡的安装方法与显卡的安装方法基本相同，区别只是安装的插槽不同而已。目前有些声卡、网卡采用 PCI 插槽，其在主板上颜色为白色。

图 1-27　安装显卡

6. 安装电源及连接各种数据线和电源线

（1）电源安装比较简单，只要将电源对准机箱的相应位置，安装到位后，拧紧螺钉即可，如图 1-28 所示。

图 1-28　安装机箱电源

(2) 安装硬盘的数据线和电源线,如图 1-29 所示。实物中红色的线为数据线,黑黄红交叉的线是电源线,安装时将其按入即可。接口采用防呆式设计,反方向无法插入。

图 1-29　安装 SATA 硬盘的数据线和电源线

(3) 安装光驱的数据线和电源线,如图 1-30 所示,并将 IDE 数据线的另一端接在主板的 IDE 接口上,如图 1-31 所示。

图 1-30　安装光驱的硬盘线和电源线

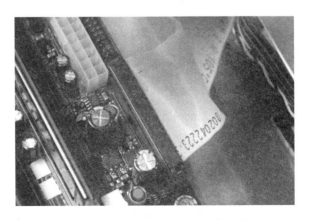

图 1-31　安装主板上的 IDE 数据线

(4) 连接主板电源供电接口,如图 1-32 所示。

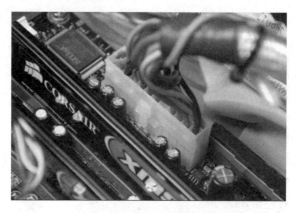

图1-32 连接主板电源线

（5）连接 CPU 电源供电接口，如图 1-33 所示。

图1-33 连接 CPU 电源供电接口

（6）连接主板上 SATA 硬盘、USB 及机箱开关、重启、硬盘工作指示灯接口。

（7）最后对机箱内的各种线缆进行简单的整理，以提供良好的散热空间，至此，计算机主机安装完成。

实训3 连接外设

【实训目标】

除了主机外，计算机还配备了很多的外围设备（又称外部设备，简称外设），本实训要让读者了解常见微型计算机系统的组成部件及常用外围设备的功能与用途，并掌握常用外围设备的连接方法，了解在 Windows 7 下调整外围设备参数的方法。

【实训要求】

（1）连接一台显示器。

（2）连接键盘和鼠标。

（3）连接打印机。

【实训步骤】

1. 连接显示器

（1）查看视频线的梯形头，使它和显卡上的视频接口相吻合（二者均为梯形）。
（2）先将显示器的梯形插头插入主机，拧紧两边的固定螺钉，如图 1-34 所示。

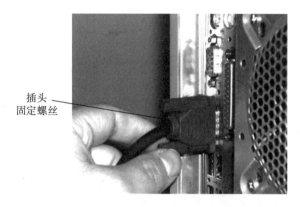

图 1-34　显示器与主机的连接

（3）将显示器的电源插头插入主机电源，如图 1-35 所示。

图 1-35　显示器电源的连接

（4）调整显示器。大多数显示器可以支持多分辨率显示，具体取决于显卡和显示器的性能。因此，需要掌握如何在 Windows 中设置显示器的分辨率。

调整显示器的步骤如下：

①调整显示器的位置及角度。显示器应该离眼睛大约 65 cm，与眼睛同高或稍低于眼睛。大多数显示器有一个可倾斜和旋转的底座，如果需要，可以利用它来调整屏幕的角度。
②调节亮度。使用标记为"亮度"的旋钮，或使用"太阳"图标指明的按钮来调节亮度。
③调节对比度。使用标记为"对比度"的旋钮，或使用"半暗半明"图标指明的按钮来调节对比度。
④调整图像位置。转动相应的旋钮，边调整边观察，直到满意为止。某些显示器有两个按钮，一个控制图像的水平宽度，另一个控制图像的水平位置。如果屏幕图像出现几何变

形,需要调节"垂直控制"旋钮,调整图像的垂直位置。

⑤查看是否需要消磁。由于显示器位置的改变或外界磁场的变化会使显示器产生"磁化"现象,造成"偏色"等,这就需要进行"消磁"。

2. 安装键盘

(1) 计算机后面有一个圆形插座,可以插入带 5 个或 6 个管脚的插头。在这个插座中心有一个方块。找到此插座,把键盘插头上的"脊"与插座上的"槽"相对,然后轻轻地插进去,如图 1-36 所示。

图 1-36 键盘的连接

(2) 打开计算机,如果此键盘是一个即插即用键盘,Windows 7 会自动识别这个新键盘。

(3) 单击"开始"→"控制面板"命令,打开"控制面板"窗口,单击"轻松访问"→"更改键盘的工作方式"→"键盘设置",弹出"键盘属性"对话框,选择"速度"选项卡,如图 1-37 所示。

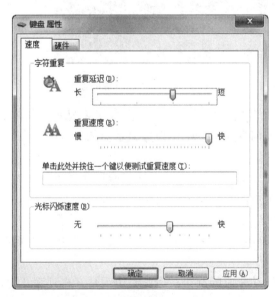

图 1-37 "键盘属性"对话框

(4) 设置键盘的反应时间（一直按住某按键多长时间开始重复出现）。可以通过调整"重复延迟"滑块来实现。

(5) 改变字符开始重复时的重复速度，可以通过调整"重复率"滑块来实现。

(6) 改变插入点闪烁的速度，可以通过调整"光标闪烁频率"滑块来实现。

(7) 单击"确定"按钮，保存新的设置。

3. 安装鼠标

(1) 连接或更换鼠标时，首先要考虑新鼠标如何连接到计算机上。检查现在的鼠标是何种类型。鼠标的插头有圆口的，也有 USB 口的。与安装键盘一样，要先找到鼠标的接口，然后将鼠标插头的管脚对准插座的孔，轻轻地将插头插入，如图 1-38 所示。

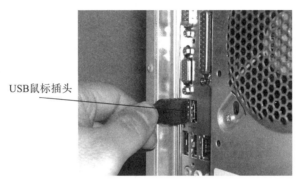

图 1-38　鼠标插头的连接

(2) 单击"开始"→"控制面板"菜单命令，打开"控制面板"窗口，单击"轻松访问中心"→"使鼠标更易于使用"→"鼠标设置"命令，弹出"鼠标属性"对话框，选择"鼠标键"选项卡，如图 1-39 所示。

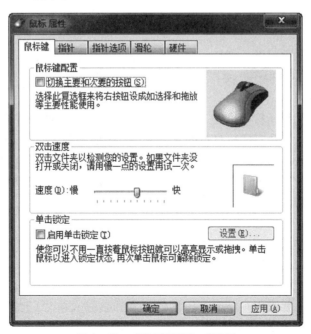

图 1-39　"鼠标属性"对话框

(3) 在"鼠标键配置"选项区域中，选中"切换主要和次要的按钮"复选框可以交换鼠标左右键的功能。

(4) 可以通过调整"双击速度"滑块来改变 Windows 7 认可的双击速度。可以双击测试区中的动画进行测试。

(5) 选择"指针"选项卡，然后打开"方案"下拉列表框，选中想要的鼠标指针方案。在一个方案中有多种鼠标指针，可以改变指针的外形，通过单击"浏览"按钮，选中某个指针即可。

(6) 选择"指针选项"选项卡，可以通过调整"选择指针移动速度"滑块来设置鼠标指针在屏幕上的移动速度。

(7) 单击"确定"按钮保存设置。

4. 安装打印机

(1) 将打印机电缆连接到主机并口上。

①取出打印机，除去所有的包装材料。按照打印机说明书的说明，根据打印机的类型插入色带、油墨卡盘或调色剂卡盘。

②找出打印机电缆，把它的一端接到打印机上。打印机电缆两端的插头是不同的，只有一端能接到打印机上，如图 1-40 所示。

图 1-40　打印机数据线接头

③在计算机断电的情况下，把打印机电缆的另一端连接到主机打印机接口上。

(2) 安装打印机驱动程序，使其在 Windows 7 下运行。

①接通打印机电源。

②打开计算机。如果新打印机是一台即插即用打印机，Windows 7 将自动识别这台新打印机，并提示用户插入这台打印机自带的安装磁盘。按照屏幕上的提示来完成打印机驱动程序的安装。如果 Windows 7 不能自动识别这台新打印机，则按照下面的步骤进行。

③单击"开始"→"设备和打印机"菜单，单击"添加打印机"链接，弹出"添加打印机"对话框，它将引导用户完成安装打印机驱动程序的过程。

④安装向导询问是要安装一台本地打印机（直接连接到系统的），还是要安装一台网络打印机（网络上的其他计算机也可以使用），选择"添加本地打印机"。

⑤选择打印机端口。在这里选择并行打印机端口（LPT1），如图 1-41 所示。单击"下一步"按钮。

⑥安装向导接下来要求用户指明打印机的厂商和型号。在"厂商"列表中单击厂家名字，然后在"打印机"列表中单击打印机的型号，如图 1-42 所示。如果要安装的打印机

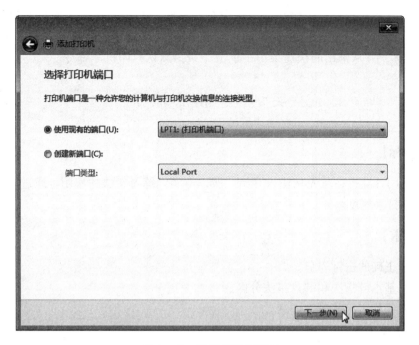

图1-41　选择打印机端口

有安装盘，可以把这张盘插入驱动器，单击"从磁盘安装"按钮，然后单击"确定"按钮。再单击"下一步"按钮。

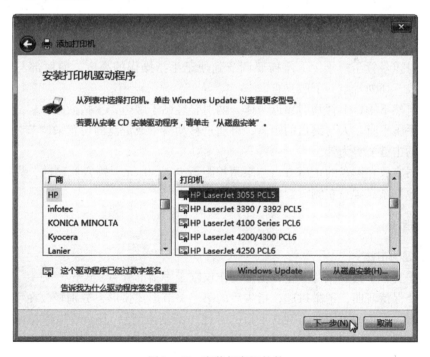

图1-42　安装打印机软件

⑦安装向导询问是否想把这台打印机当作 Windows 7 程序的默认打印机。为了使这台打印机作为所有 Windows 7 程序的专用打印机，选择"是"单选按钮，单击"下一步"按钮；

如果选择"否"单选按钮,今后在使用这台打印机时,都必须在程序的打印机设置中选择这台打印机。要选择另外一台已安装的打印机作为默认打印机,可在打印机窗口上右击"打印机"图标,并从弹出的快捷菜单中单击"设为默认打印机"命令。

实训 4　指法练习

【实训目标】

要熟练使用计算机,首先从输入开始,所以本实训练习指法的使用。通过本实训,能进行盲打,测试打字速度。

【实训要求】

(1) 掌握正确的击键姿势。
(2) 掌握基本键指法和键盘指法分区。
(3) 掌握各种字符的输入方法。

【实训步骤】

1. 指法练习

初学使用键盘输入时,必须注意击键的姿势。如果初学时姿势不当,就不能做到准确、快速地输入,也容易疲劳。正确的姿势如下:

①身体应保持笔直,稍偏于键盘右方,全身自然放松。

②将全身重量置于椅子上,座椅要调节到便于手指操作的高度,使肘部与台面大致平行,两脚平放,切勿悬空,下肢宜直。

③上臂自然下垂,上臂和肘靠近身体,两肘轻轻贴于腋边,手指微曲,轻放于规定的基准键位上,手腕平直。人与键盘的距离,可通过移动椅子或键盘的位置来调节,以调节到人能保持正确的击键姿势为佳。

④显示器宜放在键盘的正后方,与眼睛相距不少于 50 cm。输入原稿前,先将键盘右移 5 cm,再将原稿紧靠键盘左侧放置,以便于阅读。

2. 击键指法

(1) 字键的击法:

①手腕平直,手臂要保持静止,全部动作仅限于手指部分。

②手指要保持弯曲,稍微拱起,指尖后的第一关节形式弧形,分别轻放在字键的中央。

③输入时,手抬起,用要击键的手指去击键(不是摸键),其余手指保持原来位置。击打后,手指要借键盘的弹力及时缩回,不可停留在击打的键上,否则被击键所对应的字会连续在屏幕上显示。

说明: 输入过程中,要用相同的节拍用力适度地击打字键,不可用力过猛。

(2) 熟练掌握打字的基本键位。基本键位是指位于键盘第三行的 8 个字母键,即 A、S、

D、F、J、K、L 和；键。在开始击键之前，各手指的正确放置方法如图 1-43 所示。

图 1-43　基本键指法

只要时间允许，双手除拇指以外的 8 个手指应尽量放在基本键位上。

（3）掌握键盘指法分区。上述介绍的 8 个基本键位与手指的对应关系必须牢记于心，不能出错。若手指偏离了基准键位置，必须及时纠正。在键盘指法练习中，只有严格执行击键步骤，才能达到较高的击键水平。

在熟练掌握基本键位的基础上，对于其他字母、数字、符号，都采用与 8 个基本键的键位相对应的位置来记忆。键盘的指法分区如图 1-44 所示，凡两斜线范围内的键，都必须由规定的手的同一个手指来击打，这样既方便，又便于记忆。例如，用击 F 键的左手食指击 R 键，用击 K 键的右手中指去击打 I 键等。值得注意的是，每个手指击打这些键后，只要时间允许，都应立即回到原来的基本键位上，这也是达到熟练和快速击键的关键。请对照指法分区图加以练习。

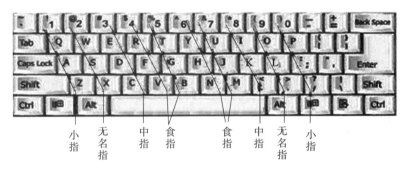

图 1-44　键盘的指法分区

（4）空格的击法：右手从基本键位上迅速垂直向上抬 1~2 cm，大拇指横着向下击打 Space 键并立即弹起，便输入了一个空格。

（5）换行键的击法：需要进行换行时，抬起右手小指击一次 Enter 键，击后右手立即退回到相应的基本键位上。手指收回过程中要保持弯曲，以免碰到；键。

（6）大写字母键的击法：

①连续大写的指法：将键盘上的大写锁定键 CapsLock 按下后，就可以按照键盘指法分区的击键方式连续输入大写字母。

②首字母大写操作：首先按住 Shift 键，用另一手相应的手指击要输入的字母键，随后释放 Shift 键，再继续击打首字母后的字母。

（7）数据录入的击法：

①西文、数字混合录入指法：把手放在基本键位上，依靠左、右手指敏锐和准确的键位

感,来衡量数字键离基本键位的距离和方位,每次要弹击数字键时,掌心略抬高,击键的手指要伸直,击键要短促、轻快、有弹性,力度适当,节奏均匀,任一手指击键后,立即返回基本键盘位。

②纯数字录入指法有两种方式:

将双手直接放在主键盘的第二排数字键上,与基本键位相对称,用相应的手指弹击数字键。

如果需要成批输入数字,可通过小键盘输入,先用右手弹击小键盘上的数字锁定键NumLock,使小键盘上的数字键转成数字录入状态,此时小键盘上方的NumLock指示灯变亮,然后将右手食指放在4键上,无名指放在6键上。食指移动的键盘范围是7、4、1、0;无名指的移动范围是9、6、3和*;中指的移动范围是8、5、2、圆点和/。

(8) 编辑键的使用。输入一段英文字母,用Esc、Delete(Del)、Backspace、Insert(Ins)这几个键进行取消、删除和插入操作。

(9) 符号键的击法。符号键绝大部分处于上档键位上,因此,录入符号时,先按住Shift键,再击相应的双字符键,即可输出相应的符号。击完后,各手指立即返回到相应的基本键位上。

3. 单项指法

(1) 主键盘和小键盘的指法练习。

①CapsLock键:先录入26个小写字母,再依次录入26个大写字母。

a b c d e f g h i j k l m n o p q r s t u v w x y z
A B C D E F G H I J K L M N O P Q R S T U V W X Y Z

②Shift键:录入如下字符。

~ ! @ # $ % ^ & * ( ) - + < > ? " :

③NumLock键:用右边小键盘录入数字。

0 1 2 3 4 5 6 7 8 9 9 9 9 9 9 9

(2) 基准键指法练习。

ffff	jjjj	dddd	kkkk	ssss	llll	aaaa	;;;;
;;;;	llll	kkkk	jjjj	ffff	dddd	ssss	aaaa
aaaa	ssss	dddd	ffff	jjjj	kkkk	llll	;;;;
assk	assk	assk	assk	asdf	asdf	asdf	asdf
dada	dada	kjkj	kjkj	fall	fall	kjlo	kjlo
ljad	ljad	lkas	lkas	lass	lass	jkfd	jkfd

(3) 其他字符键指法练习。

ded ded kik kik fde fde ill ill sall sall (E、I键练习)
kill kill laks laks sell sell deal deal said
fgf jhj had had half half glad glad high high (G、H键练习)
ghios gioh iouiu giuop giio hiii edge edge shall shall
ftfrt ftry ftrhi frytj ftrjui frtru fyru ally lllay llauy (R、T、U、Y键练习)

star　star　shut　shut　shut　stay　stay　dark　dark　falt　falt
full　full　fury　fury　jury　juryu　jury　year　year　year　dusk　dusk
sws　sws　sws　lol　lol　;　p;　p　;　p　;　p　;　p;　p　aqa　aqa　will　will（W、Q、O、P 键练习）

pass　pass　quit　quit　swell　swell　swell　equal　equal　equall
told　told　world　world　hold　hold　wait　wait
fvf　fvf　fbf　fbf　jmj　jmj　bank　bank　milk　milk（V、B、N、M 键练习）
moves　moves　build　build　gives　gives　beg　beg
dcd　dcd　sxs　sxs　aza　aza　car　car　six　six（C、X、Z 键练习）
size　size　exit　exit　cold　cold　fox　fox　act　act
;?;;?;（-）（-）＞＜　＜＞＜　＜＝?　＜＝?　＞+　＞+（Shift 键练习）

（4）综合指法练习。

①英文输入练习，输入如图 1-45 所示内容。

> **CAUTION！**
> Static electricity can severely damage electronic parts. Take these precautions：
> 1）Before touching any electronic parts, drain the static electricity from your body. You can do this by touching the internal metal frame of your computer while it's unplugged.
> 2）Don't remove a card from the anti-static container it shipped in until you're ready to install it. When you remove a card from your computer, place it back in its container.
> 3）Don't let your clothes touch any electronic parts.
> 4）When handling a card, hold it by its edges, and avoid touching its circuitry.

图 1-45　英文输入练习

②中文输入练习，输入如图 1-46 所示内容。

> Internet/Intranet 网络框架上的关键应用系统
> （1）进入核心业务操作的 Intranet
> 虽然在网络上开展储运业务不如网络银行那么吸引人，然而它却为跨地区企业的业务系统提供了一种同样的模式，即处于总部办公大楼以外的分支机构、客户、供应商在整个业务流程中占据不同的角色，只有基于 Intranet 框架上的业务系统才有可能把所有这些角色迅速纳入企业信息系统中，从而提高效率，进行所谓的业务流程和供应链重整。
> （2）进入关键管理环节的 Intranet：从内部邮件传递到基于消息系统的管理流程控制
> 在 Intranet 框架上，定向的消息传递可以实现企业对关键管理环节的全过程控制，特别是消息传递，它不是部门对部门，而是个人对个人，把每一个重要的工作环节责任落实到具体的个人，把重要的指标控制落实到经营过程而不是结果，这种意义上的协同工作将在减少企业管理层次的同时增强企业对关键环节的控制能力。
> （3）进入知识管理的 Intranet：从统计报表到 Web 上的 OLAP
> 通过基于 Intranet 的网络框架，企业可以充分利用业务系统中未经"人为加工"的原始数据资源，形成数据仓库，并在此基础上通过数据挖掘、分析统计、预测为各个层次的决策人提供决策支持，把实际上一直存在的大量业务数据资源转化为真正的"知识"。

图 1-46　中文输入练习

第 2 章

Windows 7 操作系统基础

实训 1　熟悉 Windows 界面

【实训目标】

（1）通过桌面显示属性设置，学习使用对话框中的各种常用工具，如菜单、工具栏、滚动条、文本框、列表框、下拉列表框、数值设置框、单选按钮、复选框的使用方法。

（2）学习如何设置桌面的背景图片、屏幕保护程序、窗口的外观样式和显示器选用的分辨率。

（3）练习鼠标的使用。

【实训要求】

（1）通过对桌面和显示的各种设置，了解 Windows 7 窗口、图标、对话框等的设置方法。本实验从刚安装好的 Windows 7 界面开始，让桌面显示以后常用的图标，以便将来更方便工作；练习把桌面的图标设置得稍大一些，以便轻松观察屏幕上的信息；为桌面设置一幅个性化的桌面背景；为屏幕设置一个屏幕保护程序。

（2）练习使用"开始"菜单打开资源管理器窗口，并利用窗口中的菜单栏进行操作。

（3）打开多个窗口，调整窗口大小、位置和叠放次序。

【实训步骤】

1. 设置显示器

（1）启动系统，输入密码登录后，显示出桌面，刚安装了 Windows 7 的操作系统默认界面如图 2-1 所示。这时只显示"回收站"一个图标，桌面以一幅图片作为背景，最下面的一个横条是任务栏。任务栏最左边的 形状按钮用于打开"开始"菜单，最右边是"通知区域"。

（2）为把桌面的图标和文字

图 2-1　刚安装了 Windows 7 时的桌面

设置得稍大一些，以方便以后观察，在桌面空白位置右击，在弹出的快捷菜单中选择"查看"→"中等图标"菜单命令，操作过程如图2-2所示。执行后可以看到桌面的图标明显变大些了。

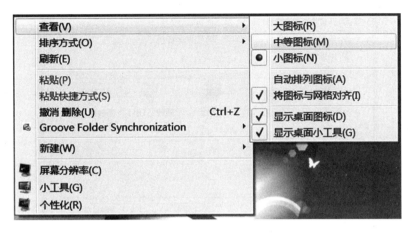

图2-2 快捷菜单

（3）为了把Windows 7的常用工具放在桌面上，右击桌面的空白位置，在弹出的图2-2所示的快捷菜单中选择"个性化"命令，弹出如图2-3所示的"个性化"对话框。

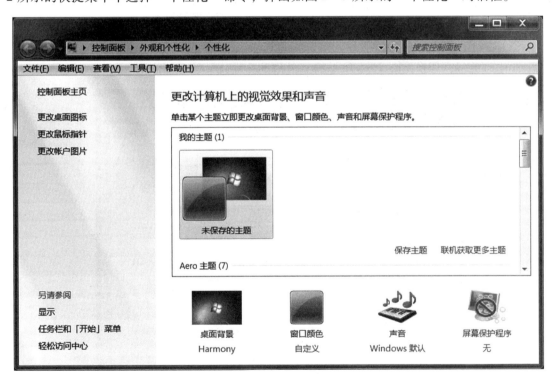

图2-3 "个性化"对话框

（4）单击左窗格的"更改桌面图标"选项，弹出"桌面图标设置"对话框，如图2-4所示，依次单击"桌面图标"下面的几个复选框，里面都出现了"√"，然后单击"确定"按钮关闭对话框。

图 2-4 "桌面图标设置"对话框

（5）为了改变桌面的背景图片，单击图 2-3 地址栏 ▶ 控制面板 ▶ 外观和个性化 ▶ 个性化 中的"外观和个性化"链接，切换到图 2-5 所示的"外观和个性化"窗口。

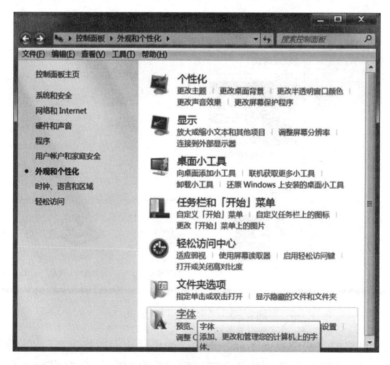

图 2-5 "外观和个性化"窗口

(6) 单击窗口右侧"个性化"下面的"更改桌面背景"链接,弹出"桌面背景"对话框,在"场景"下面的图片列表框中单击选择一幅喜爱的图片,如图 2-6 所示,然后单击"保存修改"按钮即可将其作为桌面的背景图案了。

图 2-6 "桌面背景"对话框

(7) 单击图 2-5 窗口中"个性化"下面的"更改屏幕保护程序"链接,弹出"屏幕保护程序设置"对话框。单击"屏幕保护程序"下面的三角形下拉按钮,选中"变幻线"选项,如图 2-7 所示,然后单击"确定"按钮。

(8) 单击图 2-5 窗口中的"显示"链接,切换到图 2-8 所示窗口,选中"中等(M)-125%"单选按钮。

(9) 单击右下角的"应用"按钮,弹出图 2-9 所示的提醒是否立即注销的信息框,单击"立即注销"按钮。

(10) 系统首先进行注销,稍后以同一用户身份重新登录后,桌面如图 2-10 所示。

2. 菜单的操作

(1) 单击任务栏上 形状按钮,弹出如图 2-11 所示的"开始"菜单,然后单击右侧的"计算机",或者直接单击桌面的"计算机"图标,都可以打开图 2-12 所示的"计算机"窗口。

图 2-7 "屏幕保护程序设置"对话框

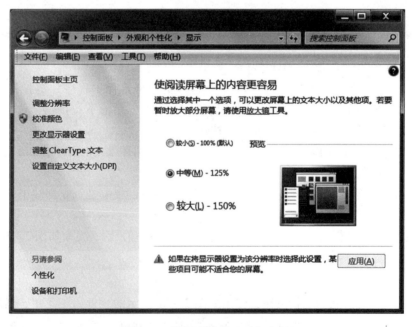

图 2-8 控制面板"显示"窗口

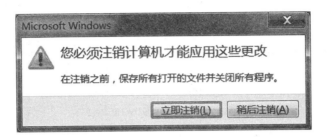

图 2-9 提示注销信息框

图 2-10 设置后的桌面

图 2-11 "开始"菜单

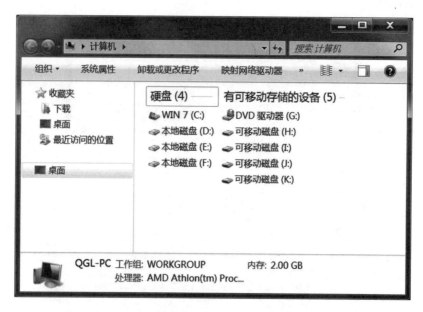

图 2-12 "计算机"窗口

（2）安装 Windows 7 后，窗口默认不会显示菜单，使很多老用户不适应。为了使窗口显示出菜单栏，单击左窗格上方的"组织"，然后依次选择"布局"→"菜单栏"命令，如图 2-13 所示，即可看到窗口上方出现了菜单。

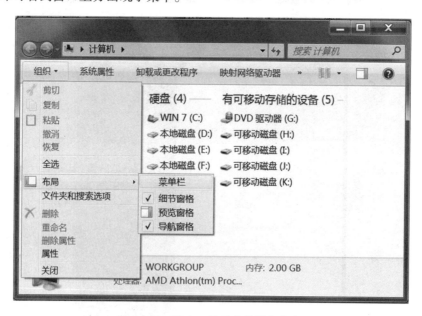

图 2-13 使窗口显示菜单操作命令

（3）单击菜单栏上的"查看"菜单，如图 2-14 所示，再依次单击下级菜单中的"超大图标"至"内容"之间的命令，每次单击都可以看到窗口中图标在变换显示样式，熟悉并了解切换到各种显示样式对应的命令。

为了快速改变图标显示的样式，也可以在右边空白位置右击，选择"查看"命令下级的相应命令，也可以快速变成所要的显示样式。

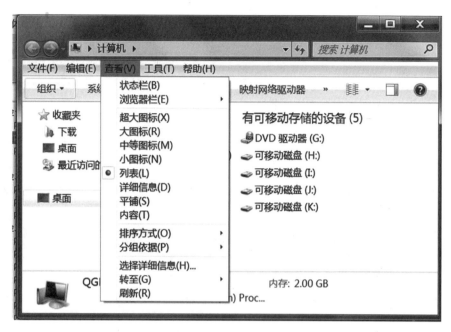

图 2-14 改变图标显示样式的菜单命令

3. 窗口基本操作

（1）参照上面方法打开"计算机"窗口。

（2）如果窗口占满屏幕，此时单击窗口右上角的"还原"按钮，可以看到窗口缩小，再单击"最大化"按钮，可以看到窗口重新占满屏幕。

（3）单击"最小化"按钮，窗口缩小到任务栏上，成为一个小标签，再单击任务栏上的对应标签，可以看到窗口又重新显示到屏幕原来位置上。

（4）将鼠标指向窗口最上面的蓝条上，然后略微拖动鼠标，可以看到窗口随着拖动调整位置。

（5）将鼠标指向窗口的任一边框位置，待鼠标指针成为↔或↕形状时，沿指针方向拖动鼠标，可以看到随着拖动，窗口的边框调整了位置，实际效果是调整了窗口的高度或宽度。

（6）将鼠标指向窗口四角任一位置，待鼠标指针成为↖或↗形状时，沿指针方向拖动鼠标，可以看到随着拖动，窗口的一个角调整了位置，实际效果是调整了窗口的大小。

（7）双击桌面的"计算机"图标，再打开"控制面板"窗口，然后将窗口调整成约占半个屏幕的大小。

（8）通过调整上述两个窗口的大小，使其成为图 2-15 所示两个窗口重叠的效果。

（9）单击下层窗口露出的部分，可以调整两个窗口的叠压关系，实际上是使最上面的窗口成为当前窗口。

图 2-15 重叠窗口

（10）右击任务栏中间的空白位置，弹出快捷菜单，如图 2-16 所示，选择"并排显示窗口"命令，观察屏幕上窗口的摆放样式，如图 2-17 所示。

图 2-16 快捷菜单

（11）参照上一步骤的方法，选择快捷菜单的"层叠窗口""堆叠显示窗口"命令，观察执行各个命令的效果；为了同时把所有窗口最小化，可以选择其中的"显示桌面"命令。

（12）依次单击上述两个窗口右上角的"关闭"按钮，将窗口关闭。

图 2-17 并排显示窗口

实训 2　设置和使用输入法

【实训目标】

（1）掌握在 Windows 7 环境中的一种中文输入方法。
（2）了解中文输入法的安装、删除和有关设置。
（3）了解智能 ABC 输入法的基本技巧。

【实训要求】

（1）添加喜欢的输入法，删除不需要的输入法。
（2）为了快速切换到"智能 ABC"输入法汉字输入状态，为其定义切换热键为按左边的 Ctrl 键和键盘字符区的数字 0 键。
（3）为了更方便地使用智能 ABC 输入法，将"智能 ABC"输入法属性设置为"光标跟随"和"词频调整"。

【实训步骤】

1. 添加和删除输入法

（1）按一次或多次 Ctrl + Shift 组合键，使任务栏上出现一种汉字输入法。如图 2-18 所示，右击"智能 ABC 输入法"按钮，在弹出的快捷菜单选择"设置"命令，弹出

"文本服务和输入语言"对话框，如图2-19所示。

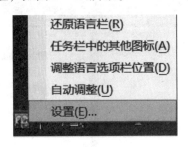

图2-18 快捷菜单

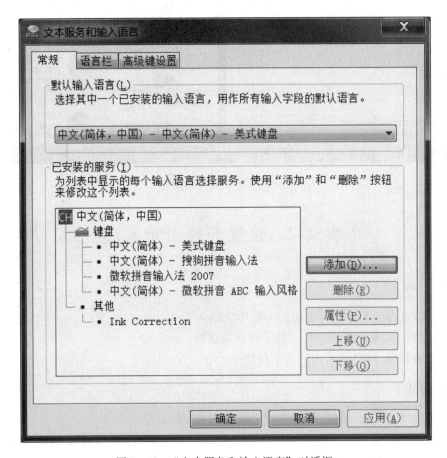

图2-19 "文本服务和输入语言"对话框

（2）在"常规"选项卡中单击右侧的"添加"按钮，弹出"添加输入语言"对话框。

（3）向下拖动滚动条，找到"中文（简体，中国）"，然后选中"中文（简体）-微软拼音新体验输入风格"，使其左边的复选框出现√，如图2-20所示。

（4）单击"确定"按钮返回图2-19所示的对话框。

（5）如果要在"文本服务和输入语言"对话框中删除一种输入法，单击要删除的输入法，然后单击"删除"按钮。

（6）单击"确定"按钮结束添加和删除输入法。

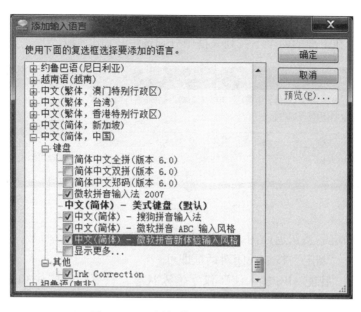

图 2-20 "添加输入语言"对话框

2. 为切换输入法定义热键

（1）参照上述方法打开"文本服务和输入语言"对话框。

（2）单击"高级键设置"选项卡，然后在"输入语言的热键"列表框中首先选中列表框中的"切换到－中文（简体，中国）－中文（简体）－搜狗拼音输入法"选项，如图 2-21 所示。

图 2-21 "高级键设置"选项卡

（3）单击"更改按键顺序"按钮，弹出"更改按键顺序"对话框，选中"启用按键顺序"复选框，然后在下面的两个下拉列表框中分别选中"Ctrl"和"0"，如图2-22所示。

图2-22 "更改按键顺序"对话框

（4）单击"确定"按钮返回图2-21所示的对话框。

（5）再次单击"确定"按钮关闭对话框即可。

以后要切换到"智能ABC输入法"汉字输入状态，只要同时按住Ctrl键和字符区的0键即可。

注意：不能按小键盘区上的0键。

3. 输入法的属性设置

（1）参照上面的方法打开"文本服务和输入语言"对话框的"常规"选项卡。

（2）单击选中"已安装的服务"栏下的"微软拼音输入法2007"，然后单击"属性"按钮，弹出图2-23所示的"Microsoft Office 微软拼音输入法2007 输入选项"对话框。

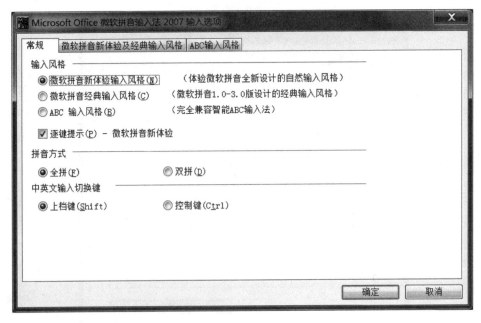

图2-23 "Microsoft Office 微软拼音输入法2007 输入选项"对话框

（3）在"常规"选项卡里可以根据需要在"拼音方式"栏中选择"全拼"或"双拼"单选按钮。

(4) 单击"ABC 输入风格"选项卡，可以在"输入设置"栏中选中"词频调整"复选框，如图 2-24 所示。

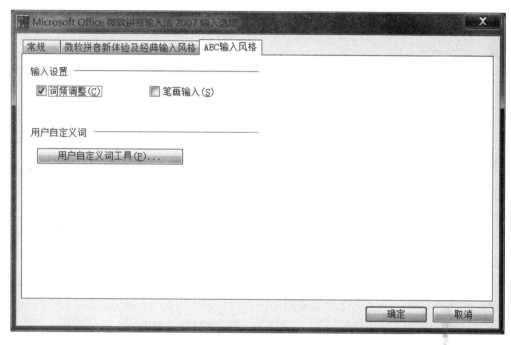

图 2-24 "ABC 输入风格"选项卡

(5) 单击"确定"按钮返回上级对话框，再单击"确定"按钮完成设置。

试练习在选中和没有选中"词频调整"复选框的情况下分别输入一篇短文，比较在输入过程中出现候选字的区别，即可理解"词频调整"复选框的作用了。

实训 3　Windows 文件管理

【实训目标】

(1) 了解"计算机"和"资源管理器"窗口的操作界面和资源的组织结构。
(2) 掌握打开各种资源窗口的方法。
(3) 掌握对文件、文件夹的管理方法。
(4) 熟悉复制文件、移动文件和重命名文件的方法。
(5) 熟悉创建文件夹、删除文件或文件夹的方法。

【实训要求】

(1) 打开"计算机"窗口，了解它们的一般知识。
(2) 在 D 盘中创建一个名为"ABC"的文件夹，再在"ABC"文件夹中创建一个名为"BCD"的文件夹。
(3) 将 D 盘中的"ABC"文件夹中的"BCD"文件夹重命名为"123"。
(4) 选中文件是为了对文件进行操作，为了同时对多个文件或文件夹操作，经常要一起选中多个文件或文件夹。

（5）删除 D 盘中"ABC"文件夹中的第 1、3、5、7 四个文件夹。

（6）把（5）中删除的四个文件夹恢复到原来的位置。

（7）将 D 盘"ABC"文件夹中的 1、3、5 文件夹复制到 2 文件夹中。

（8）将 D 盘"ABC"文件夹中的 1、3、5 文件夹移动到 4 文件夹中。

（9）在 E 盘上建立名称分别为"工作资料"和"私人资料"的两个文件夹，每天工作时都需先打开"计算机"窗口，再通过 E 盘分别访问它们，为了快速访问"工作资料"文件夹，为其在桌面创建快捷方式。

（10）练习创建库名为"个人全部资料"的库，并把"工作资料"和"私人资料"这两个文件夹包含到库中，理解库和文件夹的存储关系。

【实训步骤】

1. 熟悉"计算机"窗口

（1）双击桌面上的"计算机"图标，打开"计算机"窗口。

（2）观察窗口左窗格，可以看到最左边是"桌面"，其右下稍微缩进的有"库""家庭组"和"计算机"等，表示右边稍微缩进的内容是其左上方的下层资源。

（3）单击左窗格"计算机"左边▷形状的小三角按钮，可以展开"计算机"下层的其他资源，其中包含了多个磁盘、可移动磁盘和光盘等，右边显示了同样的内容，如图 2 – 25 所示。

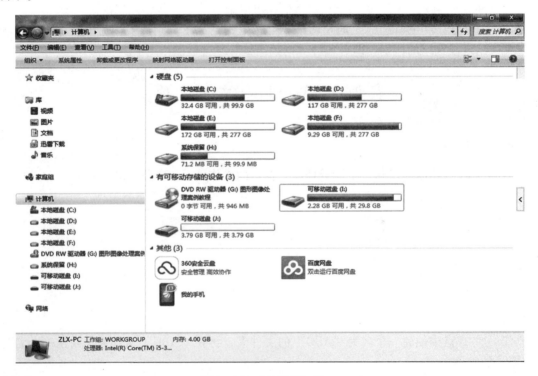

图 2 – 25 "计算机"窗口

如果继续单击下级某个资源左边的三角按钮 ▷，还可以继续展开更深一级的文件夹等。计算机里的所有资源都以树形结构组织起来，最上级为"桌面"。

（4）为了改变图标的显示顺序，可以选择"查看"→"排序方式"下的相应命令，如图2-26所示。

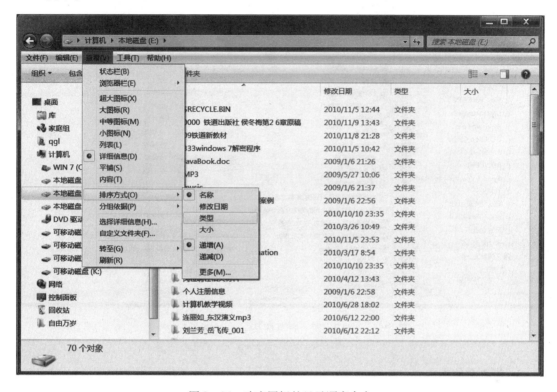

图 2-26 改变图标的显示顺序命令

（5）观察窗口中各个图标的显示形式，为了改变图标的显示形式，可以选择"查看"菜单中的相应命令（图2-26）。

（6）为了查看 D 盘中某个文件夹中存储的信息，单击左边 D 盘图标，或者在右边窗格中双击 D 盘图标，都可以展开 D 盘。然后在右边双击要查看的文件夹，即可看到该文件夹中存储的全部文件和子文件夹。

在不断打开磁盘、文件夹的过程中，在窗口的地址栏不断切换到相应文件夹的路径。例如，打开某个文件夹，如图2-27所示，地址栏同时还出现"▷ 计算机 ▷ 本地磁盘 (D:) ▷ 移动硬盘备份 ▷"，以后要回到其上级的某个位置，将鼠标指向地址栏上的某个文字项目，鼠标指针成为一个小手形状，表明它本身也是一个链接，在地址栏上单击其名称链接，即可切换到对应的窗口。

（7）试重复上述实验，了解"计算机"窗口中资源的组织结构关系。

（8）观察"计算机"窗口中菜单、工具栏和磁盘结构的关系，单击或双击其中的文件夹，了解如何快速切换到各个磁盘或文件夹的操作方法。

（9）单击窗口右上角的"关闭"按钮 。

图 2-27 打开的某个文件夹

2. 创建文件夹

（1）双击桌面上的"计算机"图标，打开"计算机"窗口。

（2）为在 D 盘创建新文件夹，先双击 D 盘图标进入 D 盘窗口。

（3）右击 D 盘窗口中的空白位置，在弹出的快捷菜单中选择"新建"→"文件夹"命令，如图 2-28 所示，在窗口中出现一个名为"新建文件夹"的文件夹，键入"ABC"后按 Enter 键。

（4）双击刚建立的"ABC"文件夹，打开其窗口，采用步骤（3）的方法，再在"ABC"文件夹中新建一个名字为"BCD"的文件夹。

3. 为文件或文件夹重命名

（1）打开"计算机"窗口，在左窗格中找到并单击 D 盘。

（2）在右窗格中找到并双击"ABC"文件夹，打开"ABC"文件夹。

（3）右击"ABC"文件夹中的"BCD"文件夹，弹出的快捷菜单如图 2-29 所示，选择快捷菜单中的"重命名"命令。

（4）此时"BCD"文件夹的名字呈蓝色显示，并且出现光标，键入新的名字"123"。

（5）按 Enter 键或用鼠标单击"123"外的任意位置。

第 2 章　Windows 7 操作系统基础

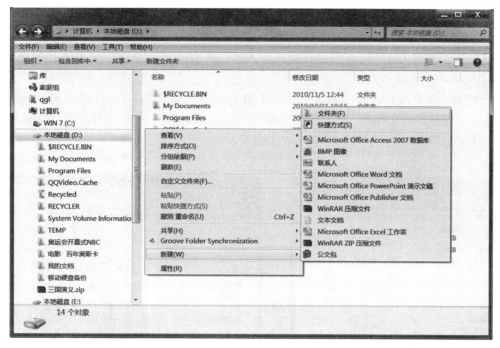

图 2-28　快捷菜单

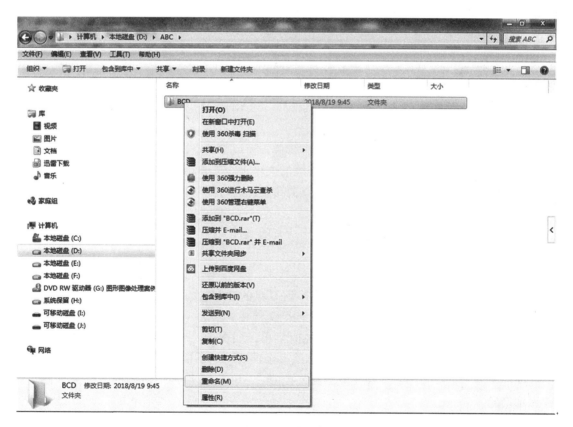

图 2-29　快捷菜单

4. 选中文件或文件夹

（1）为了创造实验环境，先在 D 盘的"ABC"文件夹中创建多个文件夹，如图 2-30 所示。

（2）为了选中第 1~5 个文件夹，先单击第 1 个文件夹，然后在按住 Shift 键的同时，单击最末一个要选中的文件夹，即第 5 个文件夹。可以看到第 1~5 个文件夹显示为蓝色，即同时选中了连续的 5 个文件夹，如图 2-31 所示。

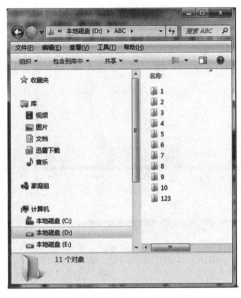

图 2-30　没有选中文件夹　　　　图 2-31　选中连续的 5 个文件夹

（3）为了将所有选中的文件夹取消选中，单击窗口中的空白位置即可。

（4）为了选中第 1、3、5、7 四个不连续的文件夹，先单击选中第 1 个文件夹，然后在按住 Ctrl 键的同时，依次单击第 3、5、7 个文件夹，这时同时选中了不连续的 4 个文件夹，如图 2-32 所示。

（5）单击窗口中的空白位置，取消选中所有的文件夹。

5. 删除文件或文件夹

（1）双击桌面的"计算机"图标，切换到 D 盘的"ABC"文件夹。

（2）依次选中要删除的第 1、3、5、7 四个文件夹。

（3）右击任一选中的文件夹，弹出快捷菜单，如图 2-29 所示，选择快捷菜单中的"删除"命令，弹出如图 2-33 所示的"删除多个项目"对话框。

（4）单击"是"按钮，文件夹被删除，此时"ABC"文件夹中所剩的文件夹如图 2-34 所示。

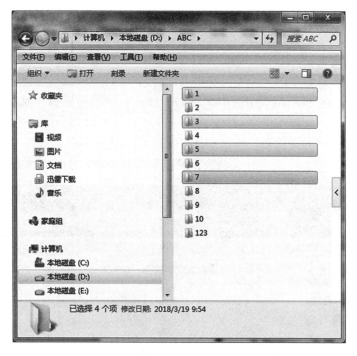

图 2-32 选中不连续的 4 个文件夹

图 2-33 "删除多个项目"对话框

图 2-34 删除了 4 个文件夹后的窗口

6. 从回收站中恢复被删除的文件夹

（1）双击桌面上的"回收站"图标，打开"回收站"窗口，为了看到文件夹恢复的情况，还可以同时打开 D 盘中的"ABC"文件夹，将两个窗口并列摆放在屏幕上。

（2）按照在"计算机"窗口中选中文件的方法，在回收站窗口中选中要恢复的 1、3、5、7 四个文件夹。

（3）右击任一选中的文件夹，弹出如图 2-35 所示快捷菜单，选择"还原"命令，可以看到回收站中的 1、3、5、7 文件夹消失，又出现在 D 盘的"ABC"文件夹中了。

图 2-35　快捷菜单

7. 复制文件或文件夹

（1）打开 D 盘"ABC"文件夹窗口。

（2）选中名称分别为 1、3、5 的三个文件夹。

（3）右击任意一个选中的文件夹，选择快捷菜单上的"复制"命令，将选中的文件夹复制到剪贴板上。

（4）双击名称为 2 的文件夹，使其处于打开状态。

（5）右击窗口上的空白位置，选择快捷菜单上的"粘贴"命令，此时即可看到"2"文件夹中出现了 1、3、5 文件夹。

8. 移动文件或文件夹

（1）双击桌面上的"计算机"图标，然后打开 D 盘中的"ABC"文件夹。

（2）同时选中名称为 1、3、5 的文件夹。

（3）右击任意一个选中的文件夹，选择快捷菜单上的"剪切"命令，将选中的文件夹移到剪贴板上。

（4）双击"4"文件夹，使其处于打开状态。

（5）右击窗口上的空白位置，选择快捷菜单上的"粘贴"命令。

9. 创建快捷方式

（1）打开"计算机"窗口，右击"工作资料"文件夹，在弹出的快捷菜单中选择"发送到"→"桌面快捷方式"命令，如图 2－36 所示。

图 2－36 创建快捷方式菜单

创建的快捷方式出现在桌面上，以后直接在桌面双击快捷方式即可快速打开 E 盘上的"工作资料"文件夹。

（2）采用同样方法为"个人资料"文件夹在桌面创建一个快捷方式。

10. 库操作

（1）打开"计算机"窗口，单击左窗格的"库"，然后在右窗格的空白位置右击，选择"新建"→"库"命令,如图 2-37 所示。

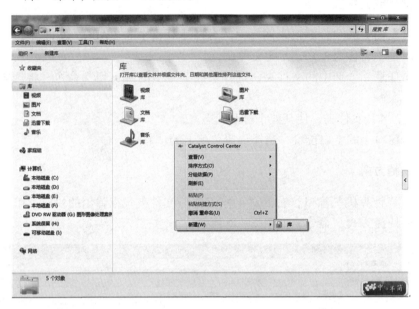

图 2-37 新建库的菜单命令

(2) 在新建的库名称处输入"个人全部资料",然后按 Enter 键。

(3) 为了使新建的库包含"工作资料"和"私人资料"两个文件夹,右击该库,在弹出的快捷菜单中选择"属性"命令,如图 2-38 所示。

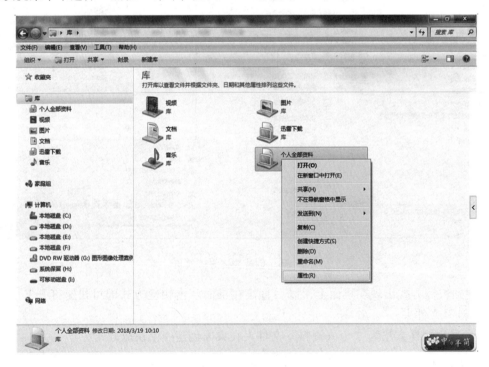

图 2-38 设置库"属性"快捷菜单

(4) 弹出图 2-39 所示的"个人全部资料 属性"对话框,单击"包含文件夹"按钮,弹出"将文件夹包括在'个人全部资料'中"对话框。

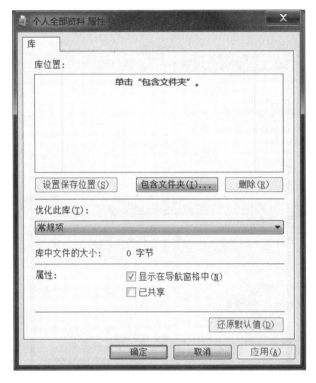

图 2-39 "个人全部资料 属性"对话框

（5）在对话框中找到 E 盘的"工作资料"并选中，如图 2-40 所示，然后单击"包括文件夹"按钮。

图 2-40 "将文件夹包括在'个人全部资料'中"对话框

(6) 重复 (4)、(5) 两个步骤,再把"个人资料"文件夹也包括到库中,此时看到"个人全部资料 属性"对话框中的"库位置"下面已经包含了刚刚选中的两个文件夹,如图 2-41 所示。

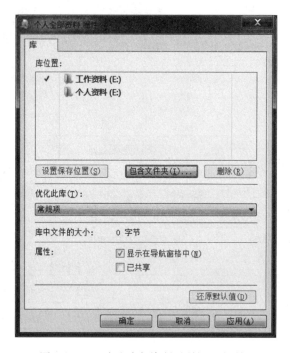

图 2-41 "个人全部资料 属性"对话框

(7) 单击"确定"按钮关闭对话框。

(8) 在图 2-38 中双击"个人全部资料",即可看到库中同时显示了上述两个文件夹中的全部信息,如图 2-42 所示。

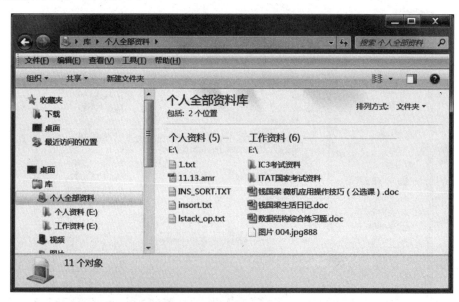

图 2-42 显示被包含文件夹中的全部信息

实训 4　Windows 的磁盘管理

【实训目标】

（1）设置文件属性。
（2）搜索文件和文件夹。
（3）对磁盘进行格式化。
（4）查看磁盘容量。
（5）检查和整理硬盘。

【实训要求】

（1）将 D 盘"ABC"文件夹中名称为"2"的文件夹设置成隐藏属性。
（2）在 E 盘根目录下的"个人资料"文件夹中找很久以前做专业论证方面的 Word 文档资料。
（3）对可移动磁盘进行格式化。
（4）新接触一台计算机，了解和检查各个硬盘情况。

【实训步骤】

1. 设置或查阅文件属性

（1）打开 D 盘中的"ABC"文件夹窗口。
（2）单击选中"2"文件夹。
（3）单击工具栏上的"属性"按钮，弹出"2 属性"对话框。
（4）单击选中"隐藏"复选框，如图 2-43 所示。
（5）单击"确定"按钮。

此时看到"2"文件夹的图标比其他文件夹的图标颜色浅且虚，这是该文件夹具有隐藏属性造成的，如图 2-44 所示。

2. 搜索文件或文件夹

（1）首先打开 E 盘根目录下的"个人资料"文件夹，如图 2-45 所示。
（2）在搜索框中输入"专业论

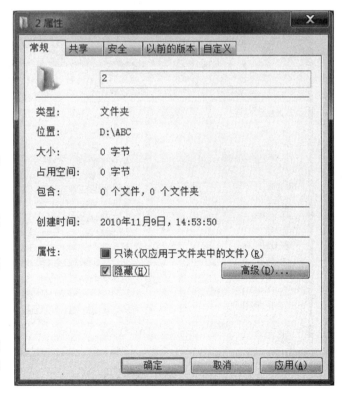

图 2-43　"2 属性"对话框

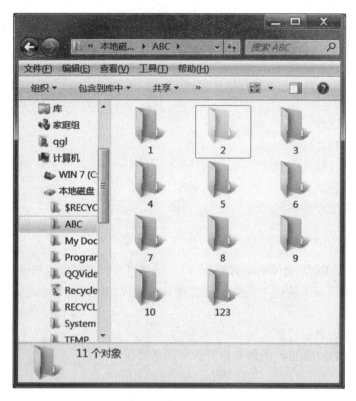

图 2-44 具有隐藏属性的文件夹颜色稍浅

图 2-45 "个人资料"文件夹

证",Windows 7 的搜索功能是在输入完立即开始搜索的,如图 2-46 所示。

图 2-46　输入搜索关键字"专业论证"后的窗口

（3）此时可以看到最下面显示搜索到 42 个对象的提示信息，右窗格即是搜索结果。单击搜索框，弹出设置搜索修改日期和文件大小的选项，如图 2-46 所示，然后单击"修改日期"按钮。

（4）系统弹出"选择日期或日期范围"框，单击左右的两个三角按钮可以调出任意日期范围。调整显示出 2009 年 1 月，然后单击其中的 1 日，按住 Shift 键的同时再单击 20 日，即确定了日期范围，如图 2-47 所示。

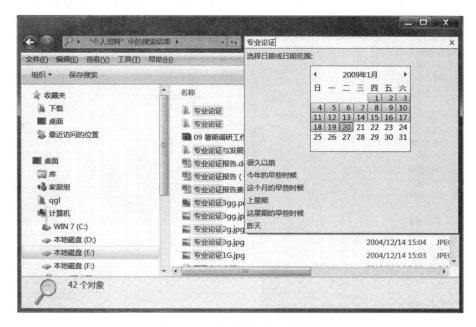

图 2-47　选择搜索的日期范围

稍候片刻即可看到找到的对象，如图2-48所示。

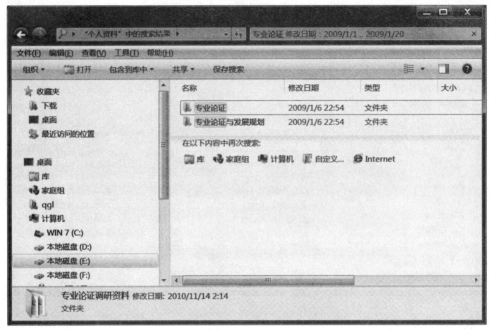

图2-48　搜索结果窗口

双击即可打开找到的文件或文件夹。

如果还想知道该文件或文件夹所在的位置，可以右击该文件夹，弹出如图2-49所示的快捷菜单，选择"打开文件夹位置"命令，然后立即切换到该文件所在的文件夹窗口。

图2-49　打开该对象所在的文件夹快捷菜单

3. 格式化磁盘

(1) 首先打开"计算机"窗口，然后在主机的 USB 口插入 U 盘（本示例使用的是金士顿 U 盘 Data Traveler），一般情况下稍候片刻即可看到出现了新的移动磁盘。

(2) 右击"可移动磁盘"，弹出图 2-50 所示的快捷菜单，选择"格式化"命令，弹出图 2-51 所示的"格式化 可移动磁盘（L:）"对话框。

图 2-50 快捷菜单　　　　　　图 2-51 "格式化 可移动磁盘（L:）"对话框

(3) 为了全面格式化 U 盘，不要选中"快速格式化"复选框，直接单击"开始"按钮。

(4) 系统弹出图 2-52 所示的"格式化 可移动磁盘（L:）"警告框，单击"确定"按钮。

图 2-52 "格式化 可移动磁盘（L:）"警告框

系统开始格式化，出现一个进度条，并且显示工作进度百分比，待格式化完成后，弹出

图 2-53 所示的格式化完毕信息框,单击"确定"按钮即可。

图 2-53　格式化完毕信息框

(5) 单击"关闭"按钮结束。

注意:格式化或使用完 U 盘后,在拔出 U 盘前,应该在任务栏上右击 按钮,选择快捷菜单中的"弹出 Data Traveler G2"命令,如图 2-54 所示,系统弹出图 2-55 所示的"安全地移除硬件"信息,停留几秒后自动消失。请注意观察,可移动硬盘的指示灯熄灭后才可安全拔出 U 盘。

图 2-54　弹出 U 盘的快捷菜单　　　　图 2-55　"安全地移除硬件"信息框

4. 检查和整理磁盘

(1) 打开"计算机"窗口。

(2) 右击空白位置,选择快捷菜单中的"查看"→"平铺"命令,即可看到所有磁盘的总容量及可用的剩余空间,如图 2-56 所示。

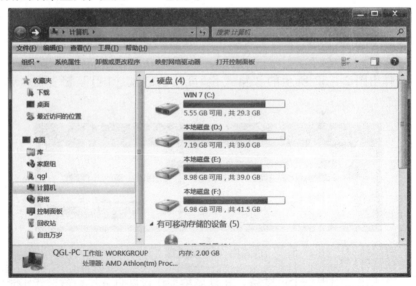

图 2-56　平铺方式查看硬盘数量、容量和可用空间情况

(3) 为了检查某个磁盘,右击该硬盘(如 D 盘),选择快捷菜单中的"属性"命令,弹出"本地磁盘(D:)属性"对话框,单击"工具"选项卡,如图 2-57 所示。

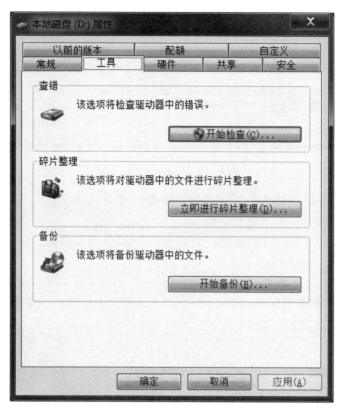

图 2-57 "工具"选项卡

(4) 单击"开始检查"按钮,弹出"检查磁盘 本地磁盘(D:)"对话框。为了修复磁盘上的错误,选中"自动修复文件系统错误"和"扫描并尝试恢复坏扇区"两个复选框,如图 2-58 所示。

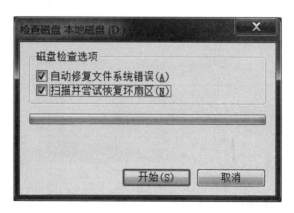

图 2-58 "检查磁盘 本地磁盘(D:)"对话框

(5) 单击"开始"按钮,检查时下面显示进度。
(6) 检查磁盘通常要用较长时间,如果有其他工作要做,可以在检查时随时单击"取消"按钮结束检查,以后再继续进行。检查结束后,会弹出图 2-59 所示的"已成功扫描您的设备或磁盘"信息框。

图 2-59 扫描完毕信息框

(7) 如果想查看磁盘检查的详细情况,单击"查看详细信息"按钮,否则直接单击"关闭"按钮返回图 2-57 所示的对话框。

(8) 单击图 2-57 所示对话框的"立即进行碎片整理"按钮,弹出图 2-60 所示的"磁盘碎片整理程序"对话框。

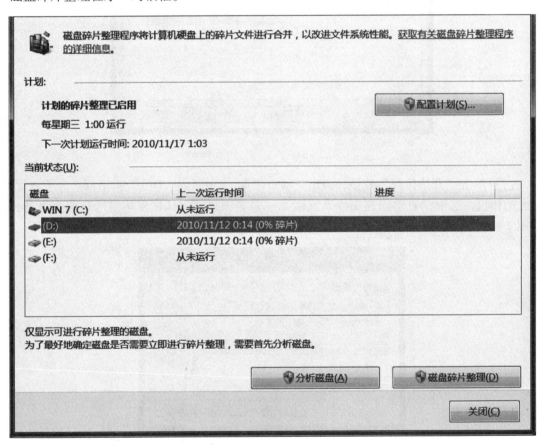

图 2-60 "磁盘碎片整理程序"对话框

(9) 选中要整理的硬盘(D:),单击"磁盘碎片整理"按钮即开始整理,如图 2-61 所示。

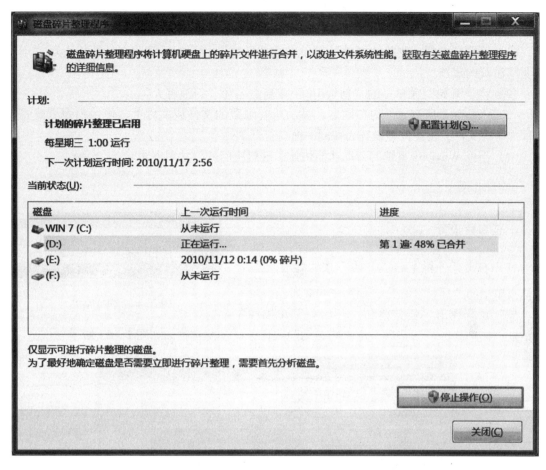

图 2-61 "磁盘碎片整理程序"对话框

（10）磁盘整理通常也会花更多的时间，此时可以随时单击"停止操作"按钮结束整理；如果耐心等待，结束后会自动返回到图 2-60 所示的对话框，然后可以继续对其他磁盘进行碎片整理。

（11）完成后单击"关闭"按钮结束。

实训 5　"开始"菜单、任务栏和资源管理器

【实训目标】

（1）了解隐藏或显示任务栏的方法。
（2）熟悉在"开始"菜单中添加、删除和重命名菜单命令的方法。
（3）熟悉调整任务栏位置的方法。
（4）掌握调整资源管理器的操作和显示模式。
（5）了解使用系统提供的帮助。

【实训要求】

(1) 隐藏任务栏,删除"开始"菜单中的"游戏"程序组,清除在计算机上玩"空当接龙"游戏的痕迹。

(2) 将"开始"菜单里的"新浪UC"重新命名为"新浪聊天"。

(3) 保持显示所有文件的扩展名,显示所有隐藏的文件或文件夹,使用列表方式查看文件夹中的文件,将文件夹设置为在同一窗口打开。

(4) 借助Windows系统的帮助功能快速了解解决问题的常用方法。

【实训步骤】

1. 任务栏设置

(1) 右击任务栏上的"开始"按钮,选择快捷菜单中的"属性"命令,如图2-62所示。

(2) 系统弹出"任务栏和「开始」菜单属性"对话框,在"任务栏"选项卡选中"自动隐藏任务栏"复选框,如图2-63所示。

图2-62 快捷菜单

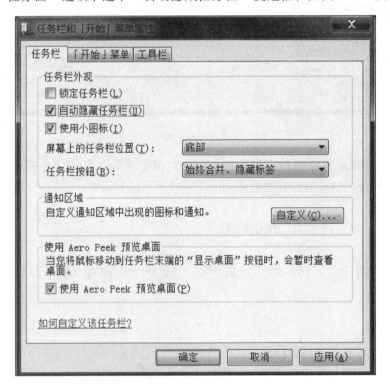

图2-63 "任务栏和「开始」菜单属性"对话框。

(3) 单击"确定"按钮,关闭"任务栏和「开始」菜单属性"对话框,同时看到任务栏被隐藏的效果。

(4) 为了把"开始"菜单中的"游戏"程序组命令移到自己专用的文件夹,选择"开始"→"所有程序"菜单,然后在"游戏"处右击,弹出图2-64所示的快捷菜单,选择"剪切"命令。

(5) 打开要保存启动"游戏"程序组的个人文件夹窗口,选择快捷菜单中的"粘贴"命令。以后在"开始"菜单中将找不到"游戏"程序组,但是可以在自己个人文件夹中找到并运行游戏。

(6) 为了清除过去利用"开始"菜单玩 Windows 7 中的"空当接龙"游戏的痕迹,单击"开始"按钮,不用单击"所有程序"即可在上面看到过去玩过的"空当接龙"命令,右击"空当接龙",在弹出的快捷菜单中选择"从列表中删除"命令,如图2-65所示。

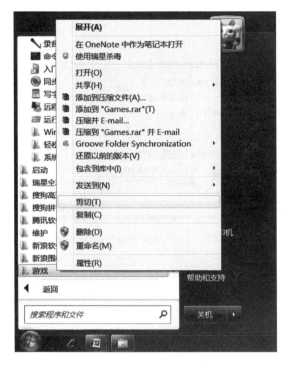
图2-64 剪切"开始"菜单上的"游戏"命令

图2-65 删除"开始"菜单中使用"空当接龙"留下的痕迹

以后显示桌面或最大化某个窗口时,将看到任务栏消失,将鼠标指向任务栏时,任务栏重新弹出;鼠标离开任务栏后,任务栏总是自动隐藏,且"开始"菜单中的"游戏"程序组已经没有了,玩"空当接龙"的痕迹也消失了。

2. 重命名"开始"菜单中的命令

(1) 选择"开始"→"所有程序"菜单,参照图2-64所示的方法找到要重命名的菜单命令"新浪 UC",然后移动鼠标指针到"新浪 UC"上右击,从弹出的快捷菜单中选择"重命名"命令。

(2) 菜单原名称处出现光标,删除原来的名称,输入新名称"新浪聊天",然后按 Enter 键即可。

3. 使用帮助

(1) 在桌面按 F1 功能键，或按图 2-66 所示选择任务栏上的"开始"→"帮助和支持"菜单命令，打开图 2-67 所示的"Windows 帮助和支持"窗口。

(2) 在"搜索帮助"文本框中输入要搜索的信息"自动更新"，如图 2-67 所示。

图 2-66　打开帮助菜单命令

图 2-67　"Windows 帮助和支持"窗口

(3) 单击文本框右边的"搜索帮助"按钮 ，即可看到搜索到的相关主题，如图 2-68 所示。

图 2-68　搜索到的相关主题

以后可以根据自己的需要，在搜索结果中，将鼠标指向任一行蓝色的文字，当鼠标指针成为手形时，单击即可切换到相应帮助页面继续查看了。

4. 设置文件夹选项

（1）打开"计算机"窗口，选择"查看"菜单下的"列表"命令，使窗口中的图标预先处于"列表"显示方式。

（2）按图2-69所示选择"工具"→"文件夹选项"命令，打开"文件夹选项"对话框。

（3）选择"常规"选项卡，在"浏览文件夹"下选择"在同一窗口中打开每个文件夹"单选按钮，在"打开项目的方式"下选择"通过双击打开项目（单击时选定）"单选按钮，如图2-70所示。

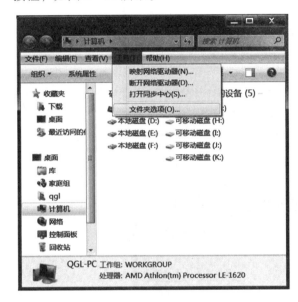

图2-69　在"列表"方式下执行"文件夹选项"命令　　　　图2-70　"常规"选项卡

（4）选择"查看"选项卡，在"高级设置"列表框中拖动垂直滚动条，找到并设置如下几个项目：

- 选中"鼠标指向文件夹和桌面项时显示提示信息"复选框。
- 选中"显示驱动器号"复选框。
- 取消选中"隐藏受保护的操作系统文件（推荐）"复选框。
- 选中"显示隐藏的文件、文件夹和驱动器"单选按钮。
- 取消选中"隐藏已知文件类型的扩展名"复选框。
- 选中"在文件夹提示中显示文件大小信息"复选框。

设置后的对话框如图2-71所示。

（5）单击"文件夹视图"栏目下的"重置文件夹"按钮，弹出图2-72所示的"文件夹视图"对话框，注意读懂对话框中问题的含义，单击"是"按钮，返回图2-71所示对话框。

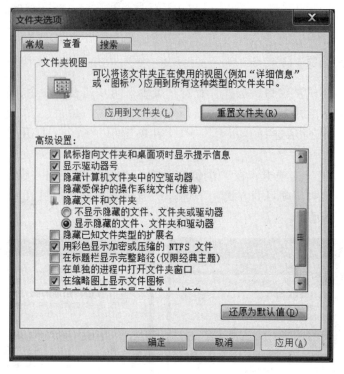

图 2-71 "查看"选项卡

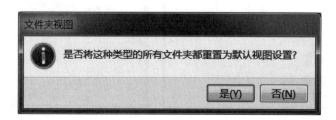

图 2-72 "文件夹视图"对话框

(6) 单击"确定"按钮关闭对话框。

实训 6　系统属性及账户管理

【实训目标】

(1) 设置系统日期和时间。
(2) 查看系统属性。
(3) 卸载软件的一般方法。
(4) 打开和关闭 Windows 7 组件。
(5) 设置账户密码和简单管理账户。

【实训要求】

（1）在没有与 Internet 联网的情况下调整系统日期和时间。
（2）查看一台计算机的 CPU、内存容量等情况。
（3）从"开始"菜单和"控制面板"卸载软件。
（4）关闭 Windows 7 附带的"游戏"程序组。
（5）创建管理员密码，关闭来宾账户。

【实训步骤】

1. 设置日期和时间时钟

（1）可以通过"控制面板"可以找到设置时间的入口，或直接单击任务栏右下角显示的时钟，打开如图 2-73 所示系统时钟，单击其下面的"更改日期和时间设置"按钮，弹出图 2-74 所示的"日期和时间"对话框。

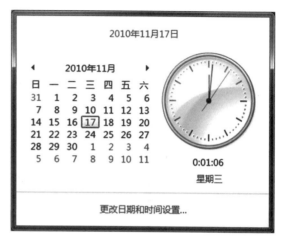

图 2-73 系统时钟

图 2-74 "日期和时间"对话框

(2) 在"日期和时间"选项卡中单击"更改日期和时间"按钮,弹出图 2－75 所示的"日期和时间设置"对话框。

图 2－75 "日期和时间设置"对话框

(3) 在对话框中设置日期、时、分、秒的方法如下:
①单击年月左右两边的三角◀或▶按钮,可以调整到合适的年和月份。
②单击日期列表框中的数字,可以更改日期。
③依次单击圆形时钟的时、分、秒,然后利用右边的数值设定按钮来增加或减少时、分、秒的数值。

(4) 调整完年、月、日和时、分、秒后,单击"确定"按钮,然后依次关闭上述打开的对话框。

如果你的计算机已经接入互联网,要调整时间,最简单的方法如下:

(1) 参照上面的步骤打开图 2－74 所示的"日期和时间"对话框。

(2) 单击"Internet 时间"选项卡(图 2－76),单击"更改设置"按钮,弹出图 2－77 所示的"Internet 时间设置"对话框。

(3) 选中"与 Internet 时间服务

图 2－76 "Internet 时间"选项卡

图 2-77 "Internet 时间设置"对话框

器同步"复选框,然后在"服务器"下拉列表框中选择"time. windows. com",最后单击"立即更新"按钮。

(4) 稍后即可见到对话框中显示同步成功的文字提示,单击"确定"按钮,然后依次关闭上述打开的对话框即可。

2. 查看系统属性

(1) 打开"控制面板"窗口,如图 2-78 所示。

图 2-78 "控制面板"窗口

(2) 单击"系统和安全"链接,切换到图 2-79 所示的"系统和安全"窗口。

图 2-79 "系统和安全"窗口

（3）单击"系统"链接，切换到图 2-80 所示的"系统"窗口，拖动垂直滚动条，即可看到本计算机的 CPU 类型、内存容量及计算机名、操作系统版本等信息。

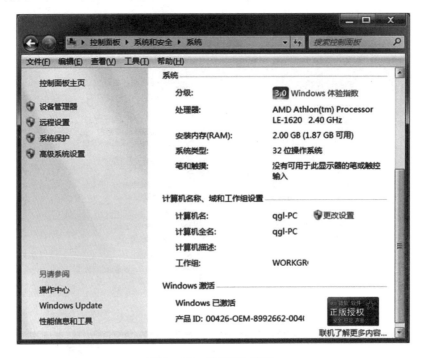

图 2-80 "系统"窗口

（4）在图 2-80 左窗格单击"设备管理器"链接，打开"设备管理器"窗口，在窗口

第 2 章　Windows 7 操作系统基础

中分别单击每个项目左边的三角 ▷，即可看到本计算机显卡、网卡、声卡和 CPU 等主要设备型号的基本情况，如图 2-81 所示。

图 2-81　"设备管理器"窗口

（5）依次单击"设备管理器"和"控制面板"窗口的"关闭"按钮结束。

3. 卸载程序

（1）要卸载已经安装的"LoveVPN"软件。

单击"开始"菜单，选择"所有程序"→"LoveVPN"→"卸载 LoveVPN"命令，操作过程如图 2-82 所示。

图 2-82　卸载 LoveVPN 软件操作过程

（2）如果在"开始"菜单里找不到卸载某个软件的命令，就应通过"控制面板"中的"卸载程序"来实现卸载。

①打开"控制面板"窗口，在图2-83所示"控制面板"窗口中单击"程序"下面的"卸载程序"链接。

图2-83 "控制面板"窗口

②窗口切换成图2-84所示，选中一个要卸载的软件"搜狗高速浏览器2.0.0.1070"，然后单击上面的"卸载或更改程序"链接。

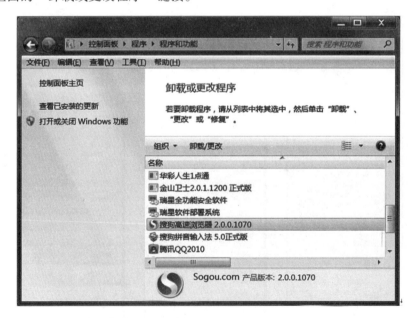

图2-84 "卸载或更改程序"窗口

③弹出图2-85所示的"搜狗高速浏览器2.0.0.1070卸载"对话框，单击"解除安

装"按钮即可开始卸载该软件。

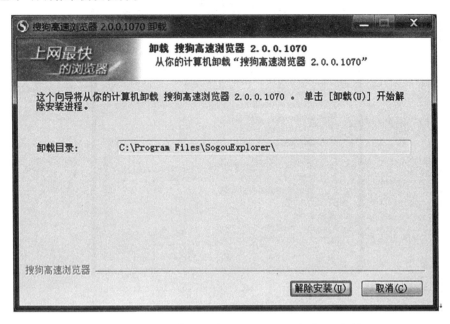

图 2-85 "搜狗高速浏览器 2.0.0.1070 卸载"对话框

4. 打开或关闭 Windows 功能

关闭 Windows 7 游戏组件的操作步骤如下：

（1）打开图 2-83 所示的"控制面板"窗口，单击"程序"链接，切换到图 2-86 所示的"程序"窗口。

图 2-86 控制面板"程序"窗口

（2）单击"程序和功能"下面的"打开或关闭 Windows 功能"，打开图 2-87 所示的"Windows 功能"窗口。

（3）拖动垂直滚动条，找到"游戏"组件，取消选中"游戏"组件左边的复选框。

图2-87 "Windows 功能"窗口

(4) 单击"确定"按钮。

(5) 关闭打开的各个窗口或对话框。

以后在"开始"菜单中就没有"游戏"了。

> **注意：**
> 如果要打开某个功能，就选中其左边的复选框；如果取消选中某个复选框，就是关闭该功能组件。

5. 创建账户密码并关闭来宾账户

(1) 在"控制面板"窗口，依次单击"用户账户和家庭安全"→"用户账户"链接，窗口切换到图2-88所示。

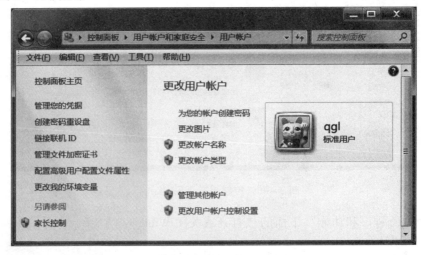

图2-88 "用户账户"窗口

(2) 单击"更改用户账户"下面的"为您的账户创建密码"链接,打开如图 2-89 所示的"创建密码"窗口。

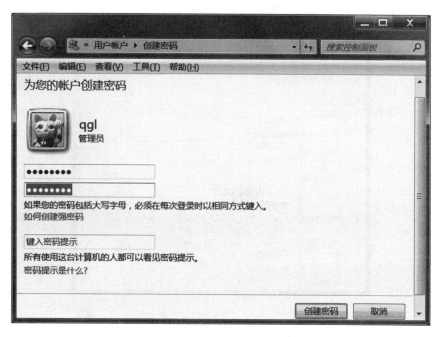

图 2-89　输入密码

(3) 在用户名下面的两个文本框中输入相同的密码。

(4) 单击"创建密码"按钮,窗口如图 2-90 所示,此时看到原来显示"为您的账户创建密码"的文字换成了"更改密码"。

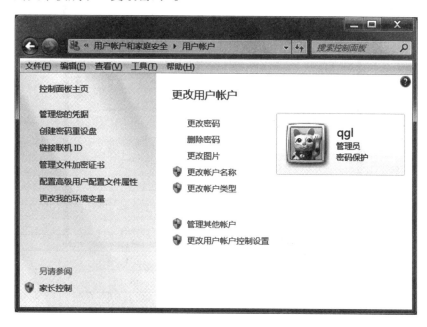

图 2-90　"用户账户"窗口出现"更改密码"文字链接

(5) 单击"管理其他账户"链接,切换到图 2 - 91 所示的"管理账户"窗口。

图 2 - 91 "管理账户"窗口

(6) 单击"Guest 来宾账户",切换到图 2 - 92 所示的"更改来宾账户"窗口。

图 2 - 92 "更改来宾账户"窗口

(7) 单击"关闭来宾账户"链接,返回图 2 - 91 所示的"管理账户"窗口,但是原来来宾账户下面多了"没有启用"四个字。

(8) 关闭窗口即可。

第 3 章

Word 2010 文字处理软件

　　Word 2010 是 Microsoft Office 2010 软件中主要的组件之一。它集文字、表格、图形、传真、电子邮件、HTML 和 Web 制作功能于一身，让用户可以方便地处理文字、图形和数据，编辑、排版文档，满足各种文档排版、打印需求，并实现了"所见即所得"的排版功能。掌握 Word 2010 的常用操作是实现无纸化办公的重要手段，从公文的起草，到打印个人工作总结、工作流程图的制作，到电子板报以及其他各种文稿的编辑，都可以通过 Word 2010 来实现。

　　本章将一个较大的实训题目分解为 3 个小的实训项目，从最基本的制作会议通知开始，循序渐进地介绍 Word 2010 在实际工作中经常用到的排版、表格处理和绘图等操作技巧。通过本实训介绍 Word 在实际工作中的各种使用方法和技巧，让读者对 Word 文字处理软件的使用更熟悉。

实训 1　制作天元公司会议通知

【实训目的】

　　通知属于公文的一种，一般由文件版头、发文字号、公文标题、公文正文、成文时间、印章等组成，必要时还可以添加附件链接。本实训的目标是制作一份会议通知。

【实训要求】

　　通过创建天元公司红头模板文件、录入会议通知的内容、对会议通知进行排版来完成一个会议通知的制作。

　　涉及的知识点有文档模板的建立、保存、编辑等操作方法，字体格式、自选图形样式的设置，文本及特殊符号的输入技术等。最终完成效果如图 3-1 所示。

【实训步骤】

1. 创建天元公司红头模板文件

（1）启动 Word 2010，将有一个默认的空白文档。

（2）输入文件红头部分的文字"天元文化发展有限公司"，选中文本后，通过"字体"对话框设置字体。单击"开始"→"字体"功能区右下角的启动对话框按钮，打开"字体"对话框，设置其字体格式：方正姚体，小初，加粗，红色，如图 3-2 所示。

（3）输入发文字号"字（2013）号"，在字体对话框中设置其格式：方正姚体，小四，黑色字体。

天元文化发展有限公司

字（2013）号

关于召开年度工作总结大会的通知

全体员工：

年关将至，为表彰对本年度工作中有突出表现的部门和个人，为了明年的工作任务进行计划与安排，公司决定召开"2013年度工作总结和表彰大会"。

为了方便各部门做好活动的组织和安排工作，现将有关事项通知如下：

一、会议内容

- ◇ 总结2013年度工作要点。
- ◇ 表彰先进部门和个人。
- ◇ 各部门负责人发言。
- ◇ 公司领导做总结性发言。

二、参会人员

公司全体员工。所以员工必须参加本次会议，若有不能参加会议的，必须先跟部门领导请假，再报请上级领导批准。

三、到会时间

2013年2月25日下午14:00

四、会议地点

公司一层大会议室

请全体员工准时参加。

2013年2月20日

图3-1 天元公司会议通知

图3-2 通过"字体"对话框设置字体

(4) 将光标定位到"发文字号"下一行位置,选择"插入"→"插图"→"形状"命令,调出绘图工具,如图 3-3 所示,单击绘图工具栏上的 按钮,鼠标指针变成十字形状,在光标位置下按住鼠标左键并拖动,拖动到适当位置释放鼠标,即可绘制出一条直线。结合 Shift 键可以绘制特殊的效果——水平直线;绘制椭圆时,按住 Shift 键可以绘制圆;绘制矩形时,按住 Shift 键可以绘制正方形。

图 3-3 绘图工具菜单

(5) 选定直线,单击"绘图工具"→"格式"→"形状样式"→"形状轮廓"右边的下拉按钮,在下拉菜单中设置线条的颜色为红色、线条的粗细为 2.25 磅。设置效果如图 3-4 所示。

图 3-4 文件头效果图

（6）选择"文件"→"另存为"命令，或单击快速访问工具栏上的"保存"按钮，在打开的"另存为"对话框（图3-5）中，设置文件类型为文档模板，确定模板的保存位置，文件主名为"天元公司"，单击"保存"按钮，即可将编辑好的文件保存为模板文件，以供今后反复调用。

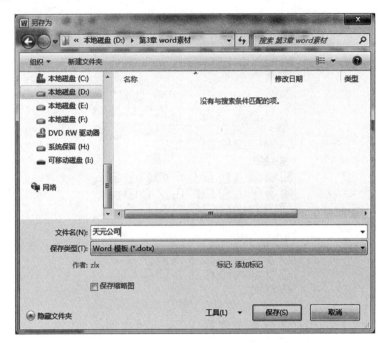

图3-5 "另存为"对话框的设置

2. 录入会议通知的内容

（1）按用户模板建立新文档。

启动 Word 2010，选择"文件"→"打开"命令，或单击"快速访问工具栏"中的"打开"按钮，找到"天元公司"文件所存放的位置，打开文档。

（2）按照效果图3-1输入会议通知的内容。

（3）保存文档。按 Ctrl + S 组合键保存文档，或单击"快速访问工具栏"中的"保存"按钮，或选择"文件"→"保存"命令来保存文档。

（4）退出 Word。单击窗口上的 ❌ 按钮，或单击"文件"→"退出"命令或按 Alt + F4 组合键退出 Word。

3. 对会议通知进行排版

（1）打开上面实训中建立的文档"天元公司.docx"。

（2）设置标题格式。拖动鼠标选中第一行内容，在"开始"选项卡"字体"功能区的字体下拉列表中选择"黑体"，在"字号"下拉列表中选择"小二号"，再单击"加粗"按钮 B 和"居中"按钮。

（3）设置正文格式。拖动鼠标选定第二行起的所有内容，设置其字体为"宋体"，字号为"小四"。单击"开始"→"段落"中的 命令按钮，打开"段落"对话框，设置正文的行间距为固定值 25 磅。字体及段落格式设置效果如图 3-6 和图 3-7 所示。

图 3-6 设置正文字体　　　　　图 3-7 设置正文的行间距

（4）添加编号。"会议内容""参会人员""到会时间"和"会议地点"是本通知需要体现的核心内容。为了突出重点，使文件整体框架更加清晰，所有内容一目了然，可以为这四项内容进行编号设置。按住 Ctrl 键选定以上 4 项不连续的内容后右击，在弹出的快捷菜单中选择"编号"命令，打开编号列表框，如图 3-8 所示。

（5）设置项目符号。"会议内容"下面有 4 项并列内容，为使并列内容更加美观、更有条理，需要用项目符号将并列内容标出。选定"会议内容"下的 4 段文字并右击，在弹出的快捷菜单中选择"项目符号"命令，打开项目符号列表框，按图 3-9 所示进行设置。

（6）保存文件，退出 Word 2010。

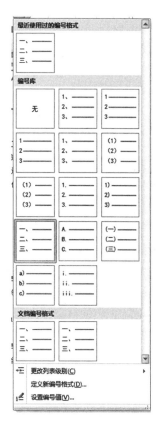

图 3-8 设置编号

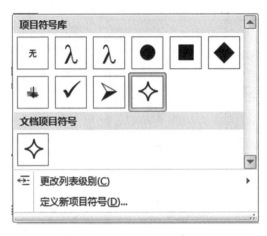

图 3-9 设置项目符号

实训 2 制作公司员工培训成绩统计表

【实训目的】

公司员工培训成绩统计表是员工管理的一项内容，利用员工培训成绩统计表可以有效地掌握员工的培训情况。本实训依次完成员工培训成绩统计表的制作、成绩的统计、成绩统计表的美化。完成的效果图如图 3-10 所示。

公司员工办公自动化培训成绩统计表

部门：人力资源部　　　　　　　　　　　　　　　　　日期：2013 年 7 月 3 日

编号	姓名 成绩	Word 基础	Excel 基础	PPT 基础	Access 基础	Outlook 基础	Viso 基础	总分	平均分	名次
20130703005	李传印	88	87	98	83	98	81	535	89.17	1
20130703002	许自强	84	81	98	47	90	86	486	81	2
20130703001	王兆春	90	87	78	65	86	67	473	78.83	3
20130703008	杨昆	98	76	95	76	65	63	473	78.83	4
20130703010	陈宏	75	82	86	65	76	87	471	78.5	5
20130703007	张宏	55	75	94	75	87	70	456	76	6
20130703004	汪高峰	86	83	67	82	40	80	438	73	7
20130703006	刘贺生	85	65	40	88	67	80	425	70.83	8
20130703003	汪龙林	90	58	43	65	95	62	413	68.83	9
20130703009	李云雷	50	46	90	46	46	86	364	60.67	10
平均分		80.1	74	78.9	69.2	75	76.2	453.4	75.57	

注：此表一式三份，一份交人力资源部，一份培训部，一份自存。　　　主任签名：

图 3-10 "公司员工办公自动化培训成绩统计表"效果图

【实训要求】

制作公司员工培训成绩统计表，完成成绩统计，并加以美化。

涉及知识点有插入规则表格、进行页面设置、制作斜线表头、表格的计算与排序、表格的格式设置。

【实训步骤】

1. 制作公司员工培训成绩统计表

（1）启动 Word 2010，新建一个文档并命名为"公司员工办公自动化培训成绩统计表.docx"。

（2）打开"页面设置"对话框，使用 A4 纸横向，页边距设置如图 3-11 所示；页眉和页脚的边界距离设置如图 3-12 所示。

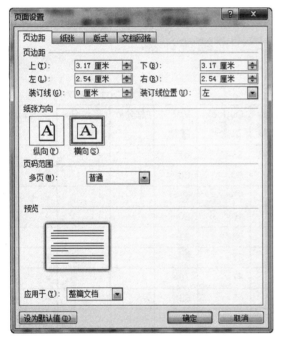

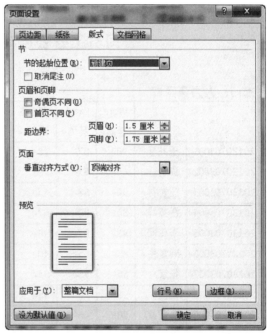

图 3-11 "页边距"选项卡 　　　　图 3-12 "版式"选项卡

（3）在文档中输入标题"公司员工办公自动化培训成绩统计表"，设置字体为黑体、字号为四号、对齐方式为居中。在下一行左端输入"部门：人力资源部"，右端输入"日期：2013 年 7 月 3 日"，设置字体为宋体、字号为五号，加粗。按 Enter 键添加空行。

（4）插入一个 12 行 11 列表格。

在"插入"→"表格"分组上，单击"表格"按钮，选择"插入表格"命令，打开"插入表格"对话框，设置表格列数 11、行数 12，如图 3-13 所示。

（5）合并单元格。选择第 1 行第 1 列和第 2 列单元格，选择"表格工具 | 布局"→"合并"→"合并单元格"命令。再用同样的方法合并最后一行第 1 列和第 2 列单元格。

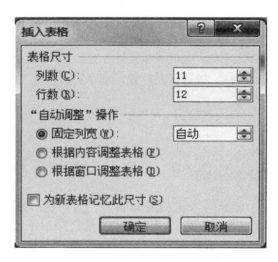

图 3-13 插入 12 行 11 列表格

（6）按照图 3-14 输入表格数据，设置字体为宋体、字号为小五。

公司员工办公自动化培训成绩统计表

部门：人力资源部							日期：2013年7月3日			
		Word 基础	Excel 基础	PPT 基础	Access 基础	Outlook 基础	Viso 基础	总分	平均分	名次
20130703001	王兆春	90	87	78	65	86	67			
20130703002	许自强	84	81	98	47	90	86			
20130703003	汪龙林	90	58	43	65	95	62			
20130703004	汪高峰	86	83	67	82	40	80			
20130703005	李传印	88	87	98	83	98	81			
20130703006	刘复生	85	65	40	88	67	80			
20130703007	张宏	55	75	94	75	87	70			
20130703008	杨昆	98	76	95	76	65	63			
20130703009	李云雷	50	46	90	46	46	86			
20130703010	陈均	75	82	86	65	76	87			
平均分										

图 3-14 输入员工培训成绩表效果

（7）设置列标题文字为纵向排列。

选中第一行有列标题文字的单元格，选择"页面布局"→"页面设置"→"文字方向"→"文字方向选项"命令，弹出"文字方向-表格单元格"对话框，选择纵向文字，如图 3-15 所示。设置字体为宋体、字号为小五。加宽前两列的宽度，选中前两列中未合并的单元格，选择"表格工具|布局"→"单元格大小"→"平均分列各列"命令，同理，选中前两列以外的其他单元格，也平均分布各列，效果如图 3-16 所示。

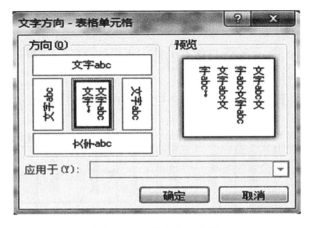

图 3-15 纵向文字设置

	Word 基础	Excel 基础	PPT 基础	Access 基础	Outlook 基础	Viso 基础	总分	平均分	名次
20130703001	王兆春	90	87	78	65	86	67			
20130703002	许自强	84	81	98	47	90	86			
20130703003	汪龙林	90	58	43	65	95	62			
20130703004	汪高峰	86	83	67	82	40	80			
20130703005	李传印	88	87	98	83	98	81			
20130703006	刘复生	85	65	40	88	67	80			
20130703007	张宏	55	75	94	75	87	70			
20130703008	杨昆	98	76	95	76	65	63			
20130703009	李云雷	50	46	90	46	46	86			
20130703010	陈均	75	82	86	65	76	87			
平均分										

图 3-16 调整后的员工培训成绩表效果

(8) 设置单元格对齐。

将鼠标指向表格右下角的口按钮,拖动到适当位置。单击表格左上角的按钮,选中整个表格,选择"表格工具|布局"→"对齐方式"→"水平居中"命令。选中纵向标题,选择"表格工具|布局"→"对齐方式"→"垂直居中"命令。

(9) 绘制斜线表头,输入斜线表头内容。

选定要制作的单元格,选择"开始"→"段落"组中的按钮,即可在所选单元格上画斜线。但在 Word 2010 中,如果画两条甚至更多斜线时,就不得不借助"形状"工具手绘线条了。单击"插入"→"插图"工作组中的"形状",选择直线工具,鼠标变成"+",按下鼠标左键画出第 1 条斜线,根据需要,再选择直线工具,按下鼠标左键画出第 2 条斜线。

选择"插入"→"文本"组中的"文本框",选择"绘制文本框",此时鼠标变成"+",在斜线表头位置按下鼠标左键绘制文本框的大小,输入文本框内容"编",设置字体为宋体、五号。选中文本框,选择"绘图工具|格式"→"形状样式"组中的"形状轮廓",选择"无轮廓",调整文本框的大小及位置。复制"编"文本框 5 次,把粘贴产生的文本框内

容分别改为"号""姓""名""成""绩",并分别调整位置。

(10)将插入点移到表格下方,输入文本"注:此表一式三份,一份交人力资源部,一份培训部,一份自存。主任签名:",设置字体为宋体、五号、加粗,并适当调整位置。制作的员工培训成绩统计表如图 3-17 所示。

公司员工办公自动化培训成绩统计表

部门:人力资源部　　　　　　　　　　　　　　　　日期:2013 年 7 月 3 日

编号\姓名\成绩		Word基础	Excel基础	PPT基础	Access基础	Outlook基础	Viso基础	总分	平均分	名次
20130703001	王兆春	90	87	78	65	86	67			
20130703002	许自强	84	81	98	47	90	86			
20130703003	汪龙林	90	58	43	65	95	62			
20130703004	汪高峰	86	83	67	82	40	80			
20130703005	李传印	88	87	98	83	98	81			
20130703006	刘复生	85	65	40	88	67	80			
20130703007	张宏	55	75	94	75	87	70			
20130703008	杨昆	98	76	95	76	65	63			
20130703009	辛云雷	50	46	90	46	46	86			
20130703010	陈均	75	82	86	65	76	87			
平均分										

注:此表一式三份,一份交人力资源部,一份培训部,一份自存。　　　　主任签名:

图 3-17　调整后的员工培训成绩表效果

(11)保存文档。

2. 完成对员工办公自动化培训的成绩统计

(1)打开"公司员工办公自动化培训成绩统计表.docx"文件,另存为"公司员工办公自动化培训成绩统计表-成绩统计.docx"。

(2)计算学员的总分成绩。

将光标定位到王兆春的总分单元格,选择"表格工具|布局"→"数据"组→"公式"命令,弹出"公式"对话框,输入公式"=SUM(LEFT)",如图 3-18 所示。按照同样的方法,计算出其他人的总分。

(3)计算学员的平均分成绩,保留 2 位小数。

将光标定位到王兆春的平均分单元格,选择"表格工具|布局"→"数据"组→"公式"命令,弹出"公式"对话框,删掉公式文本框里的"SUM(ABOVE)",从"粘贴函数"下拉列表框中选择"AVERAGE",AVERAGE 参数输入 C2:H2,编号格式选择"0.00",如图 3-19 所示。按照同样的方法,计算出其他人的平均分,并保留两位小数。

(4)计算学科平均分成绩。

将光标定位到 Word 基础的平均分单元格,选择"表格工具|布局"→"数据"组→"公式"命令,弹出"公式"对话框,输入公式"=AVERAGE(ABOVE)",编号格式选择"0.00"。按照同样的方法,计算出其他科目的平均分,并保留两位小数。

(5)按照总分排序。

图 3-18　计算学员总分成绩

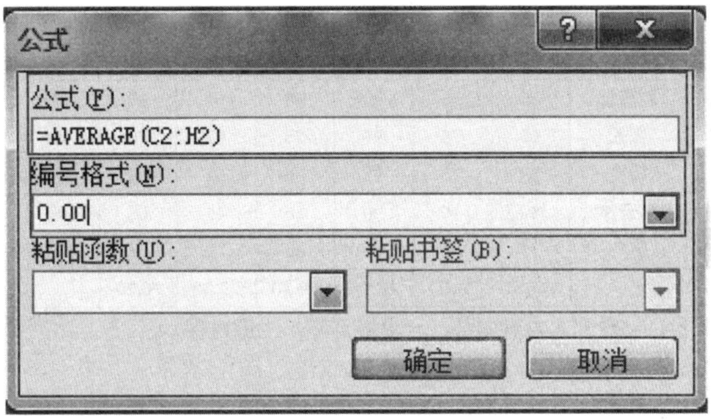

图 3-19　计算学员平均成绩

拖动鼠标选中除第一行和最后一行外的所有数据区域,选择"表格工具|布局"→"数据"组→"排序"命令,弹出"排序"对话框,在"主要关键字"下拉列表中选择"列9",在"类型"下拉列表中选择"数字",选择"降序"按钮,如图 3-20 所示。单击"确定"按钮。

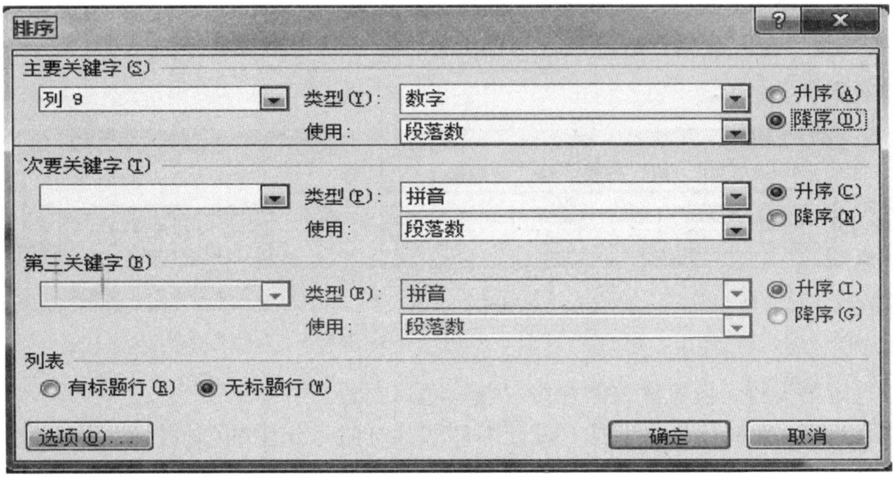

图 3-20　按照总分降序排序

(6) 在名次列依次输入 1～10 的名次。

(7) 表格按编号升序排序，保存文件，关闭文件。

拖动鼠标选中除第一行和最后一行外的所有数据区域，选择"表格工具丨布局"→"数据"组→"排序"命令，弹出"排序"对话框，在"主要关键字"下拉列表中选择"第1列"，在"类型"下拉列表中选择"数字"，选择"升序"按钮，效果如图 3-21 所示。单击"确定"按钮。

公司员工办公自动化培训成绩统计表

部门：人力资源部　　　　　　　　　　　　　　　日期：2013 年 7 月 3 日

编号 \ 成绩 \ 姓名	Word基础	Excel基础	PPT基础	Access基础	Outlook基础	Viso基础	总分	平均分	名次
20130703001	王兆春	90	87	78	65	86	67	473	78.83	3
20130703002	许自强	84	81	98	47	90	86	486	81.00	2
20130703003	汪龙林	90	58	43	65	95	62	413	68.83	9
20130703004	汪高峰	86	83	67	82	40	80	438	73.00	7
20130703005	李传印	88	87	98	83	98	81	535	89.17	1
20130703006	刘复生	85	65	40	88	67	80	425	70.83	8
20130703007	张宏	55	75	94	75	87	70	456	76.00	6
20130703008	杨昆	98	76	95	76	65	63	473	78.83	4
20130703009	李云雷	50	46	90	46	46	86	364	60.67	10
20130703010	陈均	75	82	86	65	76	87	471	78.50	5
平均分		80.10	74.00	78.90	69.20	75.00	76.20			

注：此表一式三份，一份交人力资源部，一份培训部，一份自存。　　主任签名：

图 3-21　按照编号排序后的效果

(8) 保存文档。

3. 对员工办公自动化培训统计表进行美化

(1) 打开"公司员工办公自动化培训成绩统计表-成绩统计.docx"文件，另存为"公司员工办公自动化培训成绩统计表-格式化.docx"。

(2) 单击表格左上角的"表格移动手柄"田，选中整个表格，选择"表格工具丨设计"→"表格样式"组，在"表格样式"列表框中选择任意一款表格样式，如图 3-22 所示。这里选择"普通表格"样式。

图 3-22　表格自动套用格式

(3) 选定第 1 行，设置底纹颜色为"浅绿色（标准色）"。

选中第 1 行，选择"表格工具丨设计"→"表格样式"组中的"底纹"，从下拉列表中选择"浅绿色（标准色）"。

(4) 选定第 3、5、7、9、11 行，设置它们的底纹颜色为"绿色"。

按住 Ctrl 键，分别选中第 3、5、7、9、11 行，选择"表格工具 | 设计"→"表格样式"组中的"底纹"，从下拉列表中选择"绿色（标准色）"。

（5）选定第 12 行，设置底纹颜色为"橙色（标准色）"。

（6）表格外边框设置为 1.5 磅的单实线。

单击表格左上角的"表格移动手柄"⊞，选中整个表格，单击"表格工具 | 设计"→"表格样式"组→"边框"按钮，打开"边框和底纹"对话框，在"设置"项下选择"自定义"，"宽度"选择"1.5 磅"，在"预览框"中单击"上边框""下边框""左边框""右边框"按钮，应用于"表格"，如图 3-23 所示。

图 3-23　设置表格边框

设置后的效果如图 3-24 所示。

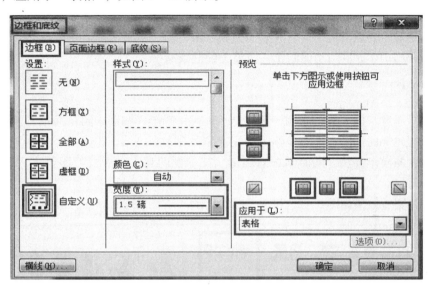

图 3-24　公司员工办公自动化培训成绩统计表格式化后的效果

（7）保存文件，关闭文件。

实训3　制作某大学计算机系“和谐家园”简报

【实训目的】

简报是传递某方面信息的简短的内部小报。具有汇报性、交流性和指导性的简短、灵活、快捷的简报，又称为“动态”“简讯”“要情”“摘报”“工作通讯”“情况反映”“情况交流”“内部参考”等。也可以说，简报就是简要的调查报告，简要的情况报告，简要的工作报告，简要的消息报道等。它具有简、精、快、新、实、活和连续性等特点。本实训将通过使用 Word 2010 提供的功能制作一份精美的健康简报。

【实训要求】

具体工作通过制作“和谐家园”简报 A、B 版和制作“和谐家园”简报 C、D 版两部分来完成。通过此实训让读者进一步熟练使用文字处理软件 Word 2010 的绘图画布、艺术字、文本框、图片的操作方法，同时掌握对图形、文本框的自由排版及打印技术，最后形成精美、完整的简报。

实训最终完成效果如图 3－25 和图 3－26 所示。

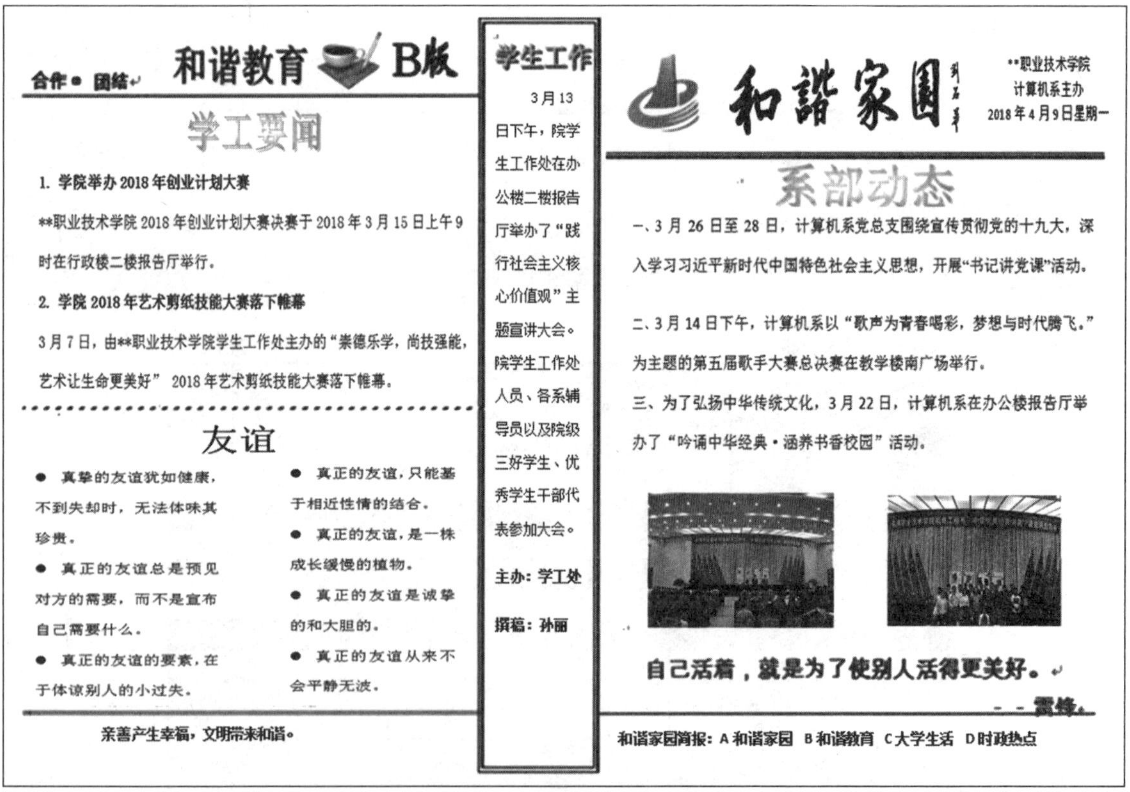

合作 · 团结　和谐教育　B版

学工要闻

1. 学院举办 2018 年创业计划大赛

**职业技术学院 2018 年创业计划大赛决赛于 2018 年 3 月 15 日上午 9 时在行政楼二楼报告厅举行。

2. 学院 2018 年艺术剪纸技能大赛落下帷幕

3 月 7 日，由**职业技术学院学生工作处主办的“崇德乐学，尚技强能，艺术让生命更美好” 2018 年艺术剪纸技能大赛落下帷幕。

友谊

● 真挚的友谊犹如健康，不到失却时，无法体味其珍贵。

● 真正的友谊总是预见对方的需要，而不是宣布自己需要什么。

● 真正的友谊的要素，在于体谅别人的小过失。

● 真正的友谊，只能基于相近性情的结合。

● 真正的友谊，是一株成长缓慢的植物。

● 真正的友谊是诚挚的和大胆的。

● 真正的友谊从来不会平静无波。

亲善产生幸福，文明带来和谐。

学生工作

3 月 13 日下午，院学生工作处在办公楼二楼报告厅举办了“践行社会主义核心价值观”主题宣讲大会。院学生工作处人员、各系辅导员以及院级三好学生、优秀学生干部代表参加大会。

主办：学工处

撰稿：孙丽

和谐家园

**职业技术学院
计算机系主办
2018 年 4 月 9 日星期一

系部动态

一、3 月 26 日至 28 日，计算机系党总支围绕宣传贯彻党的十九大，深入学习习近平新时代中国特色社会主义思想，开展“书记讲党课”活动。

二、3 月 14 日下午，计算机系以“歌声为青春喝彩，梦想与时代腾飞。”为主题的第五届歌手大赛总决赛在教学楼南广场举行。

三、为了弘扬中华传统文化，3 月 22 日，计算机系在办公楼报告厅举办了“吟诵中华经典 · 涵养书香校园”活动。

自己活着，就是为了使别人活得更美好。

－－雷锋

和谐家园简报：A 和谐家园　B 和谐教育　C 大学生活　D 时政热点

图 3－25　“和谐家园”简报 A、B 版

图 3-26 "和谐家园"简报 C、D 版

1. 制作"和谐家园"简报 A、B 版

两版整体布局的基本轮廓如图 3-27 所示。

图 3-27 A、B 版整体布局设计

(1) 启动 Word 2010，新建一个文档，命名为"和谐家园.docx"。

(2) 设置页面。单击"页面布局"→"页面设置"功能区右下侧的 启动按钮，在打开的"页面设置"对话框的"页边距"及"纸张"选项卡中进行图 3-28 和图 3-29 所示的设置。(纸张大小：自定义，42 厘米×29.7 厘米，横向，上、下、左、右的页边距分别为 2 厘米、2 厘米、2 厘米、1.5 厘米。)

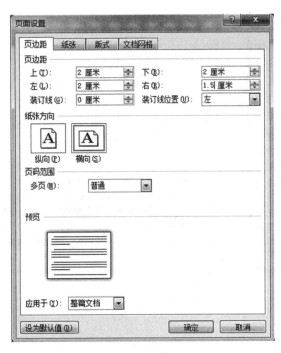

图 3-28　页面设置"页边距"选项卡　　　　图 3-29　页面设置"纸张"选项卡

(3) 关闭画布。选择"文件"→"选项"命令，在打开的"Word 选项"对话框中单击"高级"选项卡，选中"插入'自选图形'时自动创建绘图画布"前的复选框。

(4) 设置版面布局。根据前面分析的版面布局（如图 3-30 所示），要实现目标，既可以利用表格来实现，也可以通过绘制文本框或自选图形来实现。

方法一：利用表格实现版面布局，分别设置各个单元的框线，制作不规则表格的过程在实训 2 中已做详解，这里不再赘述。（各个版块区域呈方形时，用表格规划较为方便。）

方法二：利用文本框或自选图形实现版面布局。具体操作步骤如下：

①单击"插入"→"插图"→"形状"图标，在"形状"下拉列表中选择矩形按钮■，绘制一个长方形区域（如 B 版报头所占区域），选定后按住 Ctrl 键拖动来复制一个，到目标位置后，在上、下位置上更改高度。操作过程如图 3-31 所示。

②依照①步骤的方法再复制出两个矩形框。

③对齐与分布 B 版所有的矩形框。按住 Shift 键的同时选中 B 版的 4 个矩形框，在"绘图工具"→"格式"→"排列"功能区中选择"对齐"→"左对齐"命令。如果还要调整各矩形框间间距，选定后可通过光标键"↑"或"↓"来移动，保证只改变垂直位置而不改变水

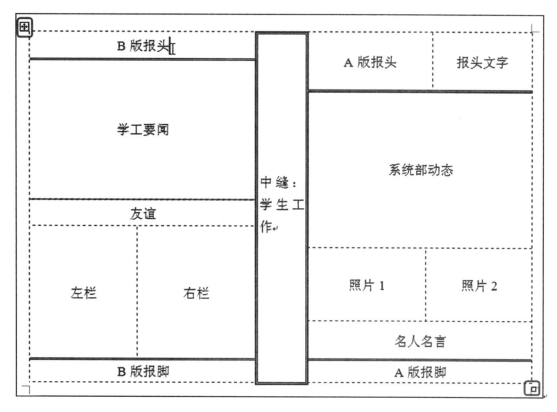

图 3 - 30 利用表格设计 A、B 的版面

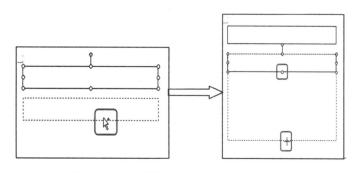

图 3 - 31 复制第二个矩形框并更改其大小

平位置。B 版布局效果如图 3 - 32 所示。

④绘制 A 版布局图。按住 Shift 键的同时选中 B 版的四个矩形框，放开 Shift 键后，再按 Ctrl 键拖动鼠标到右侧，则将 B 版的 4 个矩形框复制到 A 版区域。再调整各个矩形框的高度。A 版布局效果如图 3 - 33 所示。

⑤绘制中缝框并设置框线。按上述操作路径找到矩形按钮■，在 A、B 版中间区域绘制一个长方形。选定后右击，在弹出的快捷菜单中选择"设置形状格式"命令，弹出"设置形状格式"对话框，单击"线型"选项卡，线型选定为"═"，粗细为 6 磅。对话框设置如图 3 - 34 所示。整个页面效果设置如图 3 - 35 所示。

图 3-32 B 版布局

图 3-33 A 版布局

图 3-34 中缝外框线设置

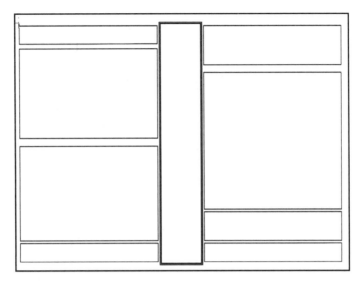

图 3-35　利用自选图形绘制 A、B 版面

（5）设置 A 版报头。选定 A 版报头所在的矩形框并右击，在弹出的快捷菜单中选择"添加文字"（使其具备文本框的功能）。调整其大小，再复制两个并调整大小。选定左侧矩形框，单击"插入"→"图片"按钮，在打开的"插入图片"对话框中设置合适的路径，找到计算机系 Log.jpg 文件并插入（图片会自动适应文本框的大小）；在中间的矩形框中插入和谐家园图片，在右侧的矩形框中直接输入文本。A 版报头的设置效果如图 3-36 所示。

图 3-36　A 版报头

（6）输入 A 版主体，具体操作步骤如下：

①选定 A 版主体所在的矩形框，右击，在弹出的快捷菜单中选择"添加文字"，单击"插入"→"文本"→"艺术字"按钮，在弹出的"艺术字"下拉列表中选定第三行第一列的样式，并在打开的"请在此放置您的文字"文本框中输入"系部动态"，设置文字效果为加粗，36 号宋体。

②输入系部动态相关的新闻。

③在本区的空白处再插入两个文本框，并分别插入两张照片。A 版主体的效果如图 3-37 所示。

（7）设置 B 版报头。选定矩形框，同样设置"添加文字"，依次输入文字，插入艺术字及图片。完成后的效果如图 3-38 所示。

图 3-37　A 版主体版块效果图

图 3-38　B 版报头效果

　　(8) 设置 B 版 "学工要闻" 版块。设置方法与 A 版主体的相似，注意设置插入的图片的版式为 "衬于文字下方"。

　　(9) 其他版块的设置过程都较为简单，不再详述。对于 "友谊" 标题下的分栏，由于文本框内不能分栏，所以仍然考虑使用两个并排的文本框处理。

　　(10) 设置 A、B 版所有矩形框无外框线：按住 Shift 键的同时选中 A、B 版的多个矩形框，右击，在弹出的快捷菜单中选择 "设置形状格式" 命令，弹出 "设置图形格式" 对话框，单击 "线条颜色" 选项卡，选中 "无线条" 单选按钮。对话框设置如图 3-39 所示。

　　(11) 设置各版块间的分隔线。单击 "插入"→"插图"→"形状" 中的直线按钮，在恰当的位置绘制一条水平线。再单击绘图工具栏上的线型按钮，在弹出的菜单中选择合适的线型。B 版间的 "斜点虚线" 的设置方法为：打开 "设置形状格式" 对话框，单击 "填充" 选项，在右侧 "填充" 区域选定 "图片或纹理填充" 单选按钮，此时 "设置形状格式" 对话框变为 "设置图片格式" 对话框，设置方法如图 3-40 所示。在选中 "图片或纹理填充" 单选按钮后，对话框中出现更多功能选项，可进一步设置图案的颜色。

　　(12) 保存文件，退出 Word 2010。整个 A、B 版的效果如图 3-20 所示。

图 3-39　设置所有矩形框无外框线

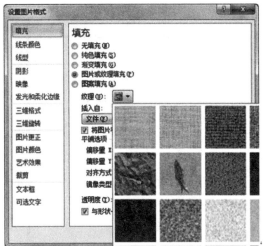

图 3-40　设置填充图案

2. 制作"和谐家园"简报 C、D 版并打印简报

C、D 版整体布局的基本轮廓如图 3-41 所示。

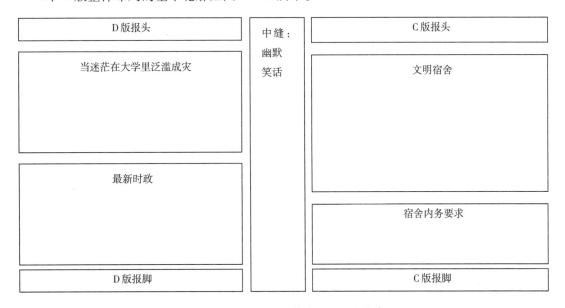

图 3-41　C、D 版整体布局的基本轮廓

（1）打开文档"和谐家园.docx"，在第一页的最后输入回车以增加一个新的页面。

（2）设置版面布局。针对实训内容中提出的版面布局，结合前面实训中已完成的 A、B 版的版面布局，既可以修改前面用表格设计的布局，也可以修改用自选图形绘制的布局。

方法一：修改表格实现版面布局，再分别设置各个单元的框线，设置效果如图 3-42 所示。修改方法就是通过合并单元格并调整单元格的高度来实现，具体操作过程不做详述。

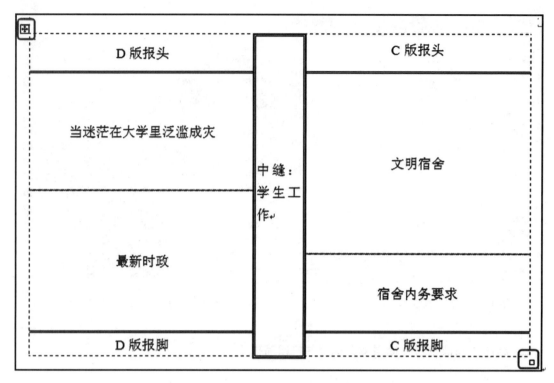

图 3-42　利用表格设计 C、D 的版面

方法二：修改自选图形实现版面布局。先复制 A、B 版面图，再简单调整右侧矩形框的大小即可，操作步骤不再详述，设置效果如图 3-43 所示。

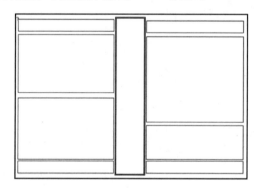

图 3-43　利用自选图形绘制 C、D 版

（3）按"1.制作'和谐家园'简报 A、B 版"的（5）中的方法分别在 C 版报头及 D 版报头输入文字、插入艺术字及图片。各个报头的效果如图 3-44 所示。

图 3-44　C、D 版的报头

(4) 其他各个版块包括的内容仅为文本、艺术字及图片,操作方法较为简单,不再详述。

(5) 设置各版块的矩形框无外框线的方法同"1. 制作'和谐家园'简报 A、B 版"的步骤(10)。

(6) 添加各种类型的水平线的方法同"1. 制作'和谐家园'简报 A、B 版"的步骤(11)。

(7) 打印简报:单击"文件"→"打印"命令,在"设置"选项组中选定"打印当前页"。打印完毕后将纸张翻面置入纸盒,重复执行上述操作即可完成双面打印简报。

(8) 保存文件,退出 Word 2010。整个 C、D 版的效果如图 3-26 所示。

第 4 章

Excel 2010 电子表格软件

Excel 是当今世界上最流行的基于 Windows 窗口环境下的电子表格软件，具有 Windows 的友好的图形用户界面，具有操作方便、数据分析和处理容易等一系列优点。Excel 2010 具有直观、操作简单、数据即时更新、丰富的数据分析等特点，使得它在数据报表有关的人事、税务、统计、计划、经济分析等许多领域得到了广泛的应用。

本章综合实训就某公司的工资表和订货单进行简单分析，全章分 4 个实训，实现工作簿的建立、数据处理、工作表的格式化及打印、图表操作，给读者一整套分析处理数据的方法。让读者通过本实训的学习，能切实掌握 Excel 的简单使用。希望读者学习后对 Excel 2010 的操作更加熟练，并能对 Excel 的使用有更进一步的了解。

实训 1　工作簿的数据建立

【实训目标】

(1) 建立、输入工作簿"工资表"的数据信息。数据信息包括"基本信息""一月""二月""三月"工作表。其中"基本信息"工作表的数据如图 4-1 所示。"一月"的数据输入如图 4-2 所示。

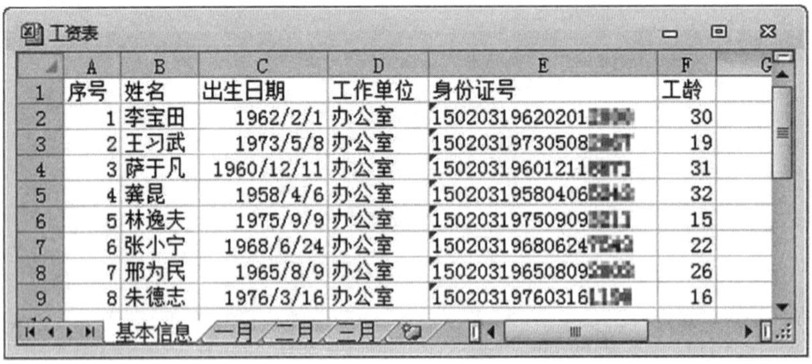

图 4-1　工作表"基本信息"的数据

(2) 建立工作簿"住房登记簿"，其"基本信息"工作表源于工作簿"工资表"中的"基本信息"工作表。

(3) 建立"订货"工作簿，其中仅有"订货单"工作表。

图4-2 工作表"一月"的数据

【实训要求】

完成"工资表"和"订货"的数据输入,并完成各个工作表的创建、改名。在"工资表"工作簿的基础上完成另外一个工作簿"住房登记簿"的创建。还要实现对工作簿、工作表的数据的保护和文件的保存。

所涉及的知识点包括各种数据的输入、有规律数据的填充、单元格的选择和编辑、工作表的操作、工作表和工作簿的保护。

【实训步骤】

1. 数据的输入

(1) 在"计算机"中,找到"工资表.xlsx"工作簿。双击打开后,选择需要输入数据的单元格进行第一行数据的输入。

①单击A1单元格,输入"序号",按Enter键存入此单元格。

②以此方法在B1、C1、D1、E1、F1单元格中分别输入"姓名""出生日期""工作单位""身份证号""工龄"。

(2) A列数据的输入:

①在A2单元格中输入"1",按Enter键存入此单元格。

②单击A2单元格,将鼠标放在A2单元格的右下角,指针变成一个细实线的"+"字,称为复制柄,向下拖动鼠标到需要的位置:A9单元格,如图4-3所示。

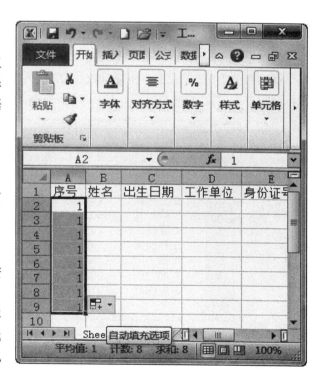

图4-3 A列数据的输入

③单击右侧小图标的下拉按钮,选择"填充序列"命令,得到如图 4-4 所示的数据。

图 4-4 A 列数据的输入

(3) 在 B 列中输入"李宝田"等姓名数据。在 C2 单元格中输入"1962-2-1"或者"1962/2/1"。用相同的方法完成 C 列数据的输入。

(4) D 列数据的输入:

①单击 D2 单元格,输入"办公室",按 Enter 键确认输入。

②再次单击 D2 单元格,将鼠标放在 D2 单元格的右下角,当出现"+"时,向下拖动鼠标到需要的位置:D9 单元格,如图 4-5 所示。

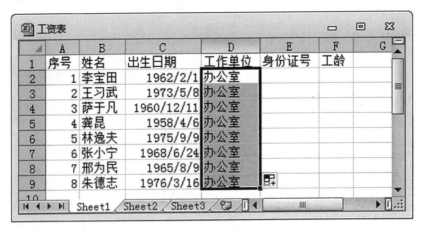

图 4-5 D 列数据输入

(5) E 列数据的输入:

转换成英文输入法状态,在单元格 E2 内或者编辑栏内完成输入:"'150203196202012413",

按 Enter 键输入。

其意义是将"150203196202012413"看成是字符输入，而不是数字输入，如图 4-6 所示。

图 4-6 E 列身份证号输入

（6）选择"开始"→"单元格"→"格式"菜单，在"单元格大小"功能组中选择"行高"（"列宽"）命令，自行设置数值，也可以选择"自动调整行高"（列宽）命令，以适应该行（列）中最高（最宽）的数据。

（7）在 F 列中输入"工龄"数据。

2. 工作表的操作

（1）右击工作表标签"Sheet1"，弹出快捷菜单，选择"重命名"命令，此时可以键入新名称"基本信息"，按 Enter 键结束重命名，如图 4-7 所示。

（2）单击工作表标签"基本信息"，按住 Ctrl 键，然后沿着工作表标签行将该工作表标签拖放到新的位置，如图 4-8 所示。

单击工作表标签"基本信息（2）"，可以发现其和工作表标签"基本信息"的内容是一样的，也就是完成了工作表的复制。

（3）给工作表命名。

①选中工作表标签"基本信息（2）"，标签上的工作表名高亮度显示。

②选择"开始"→"单元格"→"格式"→"组织工作表"→"重命名工作表"命令。此时可以键入新名称："一月"，再按 Enter 键结束。

③单击工作表标签"Sheet2"，采用②中的操作，将"Sheet2"工作表重命名为"二月"，按 Enter 键结束。与上同法，将工作表标签"Sheet3"重命名为"三月"。

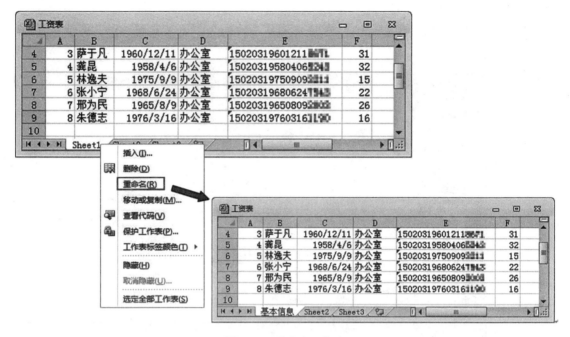

图 4-7 重命名工作表

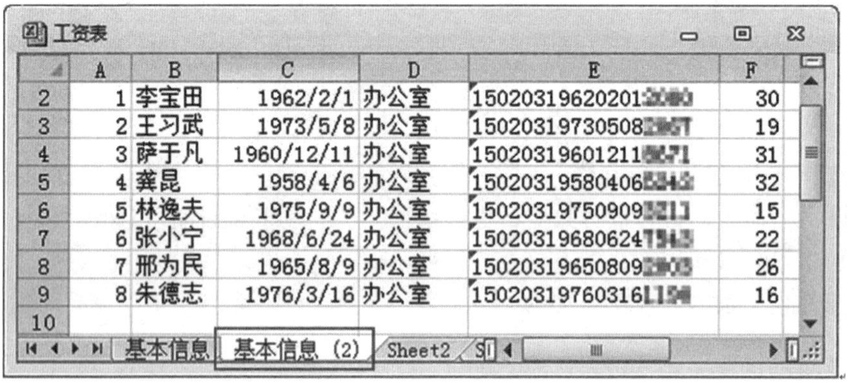

图 4-8 复制工作表标签

（4）建立工作簿"住房登记簿"，它的"基本信息"与工作簿"工资表"中的"基本信息"一样。

①在"快速访问工具栏"中单击新建图标创建另一个空白电子表格，按 F12 键或选择"文件"→"另存为"命令，打开"另存为"对话框，在文件名文本框中输入"住房登记簿"。

②单击工作簿"工资表"中的工作表标签"基本信息"，选择"开始"→"单元格"→"格式"→"组织工作表"→"移动或复制工作表"命令，弹出如图 4-9 所示的对话框。

③在"移动或复制工作表"中的"将选定工作表移至工作簿（T）"下拉列表中选择"住房登记簿"。复选框"建立副本"为选中状态。

④打开"住房登记簿"，单击"基本信息"工作表标签，可以看到工作簿"工资表"的工作表"基本信息"被复制到工作簿"住房登记簿"。

图4-9 "移动或复制工作表"对话框

3. 工作表的编辑

(1) 在"工资表"工作簿中,单击工作表标签"一月","一月"标签为高亮度显示。

(2) 选中工作表标签"一月"中的 F 列"工龄"的任意一个单元格,选择"开始"→"单元格"→"插入"→"插入工作表列"命令,在 F 列左边新添一列,命名为"基本工资"字段。

(3) 编辑"工资表"工作簿中的数据。

①右击"出生日期"列任意一个单元格,在弹出的菜单中选择"删除"命令,出现"删除"对话框,如图 4-10 所示。在弹出的对话框中选择"整列"单选按钮,删除"出生日期"列。

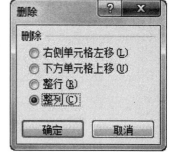

②用上面的方法,删除"工作单位"列、"身份证号"列和"工龄"列。

③在"基本工资"后的几个列的第一行分别输入"津贴""奖金""水电费""保险金""工资""税后工资"。再分别输入"津贴""奖金""水电费"的数值。

图 4-10 "删除"对话框

(4) 调整列宽。在工作表"一月"中单击 A1 单元格,拖曳至 I9 单元格,则选择了区域 A1:I9。选择"开始"→"单元格"→"格式"→"单元格大小"→"自动调整列宽"命令,如图 4-11 所示。

(5) 发现误把"津贴"与"奖金"的数据相互输入反了,要进行修改。

①选中 D2 单元格,拖动鼠标到 D9 单元格,选定区域,将鼠标移动到所选定区域的边缘,鼠标指针由空心十字形状变成带十字白色箭头形状。拖动鼠标指针到空白区域,释放鼠标按键,如图 4-12 所示。

②选中 E2 单元格,拖动鼠标到 E9 单元格,选定区域,将鼠标移动到所选定区域的边缘,鼠标指针由空心十字形状变成十字白色箭头形状。拖动"奖金"列数据到"津贴"列

工资表									
	A	B	C	D	E	F	G	H	I
1	序号	姓名	基本工资	津贴	奖金	水电费	保险金	工资	税后工资
2	1	李宝田	2750	350	500	89.3			
3	2	王习武	2682	400	350	56.9			
4	3	萨于凡	2528	250	500	77.8			
5	4	龚昆	2621	250	400	26.4			
6	5	林逸夫	1980	350	300	31.05			
7	6	张小宁	2486	400	500	34.8			
8	7	邢为民	3500	500	400	56.7			
9	8	朱德志	2466	550	300	44			
10									

图 4-11 "一月"工作表

工资表									
	A	B	C	D	E	F	G	H	I
1	序号	姓名	基本工资	津贴	奖金	水电费	保险金	工资	税后工资
2	1	李宝田	2750		500	89.3			
3	2	王习武	2682		350	56.9		350	
4	3	萨于凡	2528		500	77.8		400	
5	4	龚昆	2621		400	26.4		250	
6	5	林逸夫	1980		300	31.05		250	
7	6	张小宁	2486		500	34.8		350	
8	7	邢为民	3500		400	56.7		400	
9	8	朱德志	2466		300	44		500	
10								550	
11									

图 4-12 拖动数据

合适位置,释放鼠标。

③再选中移到空白区域的数据区域,用同样的方法移动到"奖金"列,完成数据的交换,如图 4-13 所示。

(6) 选中"基本信息"工作表,选中 B6 单元格,选择"开始"→"编辑"→"清除"→"清除全部"命令,观察结果。再次选中 B6 单元格,选择"开始"→"单元格"→"删除"→"删除单元格"命令,弹出"删除"对话框,选中"下方单元格上移"单选按钮,结果如图 4-14 所示。

如果发现刚才的操作是失误操作,可在"快速访问工具栏"中单击撤销图标恢复数据。

(7) 给"李宝田"加批注。

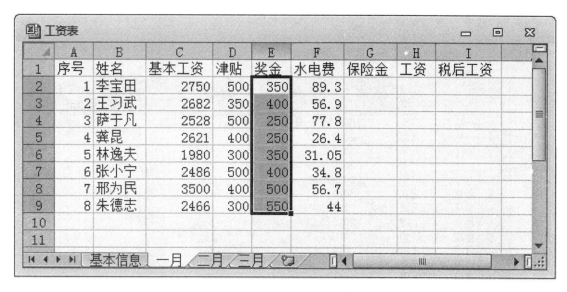

图 4-13　更换数据列后效果图

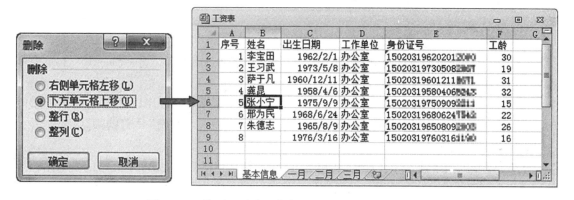

图 4-14　使用"删除"命令后的"基本工资"工作表

①单击 B2 单元格，选择"审阅"→"批注"→"新建批注"命令，在批注文本框中输入"外部借调"，然后单击别处，可以观察到"李宝田"的右上角出现了一个小红点，表示该单元格有批注信息。

②编辑批注内容：右击标有批注的单元格，在弹出的快捷菜单中选择"编辑批注"命令，在批注文本框中输入"外部借调（五个月）"。

③单击 B2 单元格，选中"李宝田"，选择"开始"→"编辑"→"清除"命令，将弹出 4 种清除方式，选择"清除批注"清除"李宝田"的批注。

（8）当完成了一个工作表的数据输入后，经常需要对工作表的数据进行修改、复制、删除等编辑操作。

编辑单元格数据的方法有两种：通过编辑栏进行编辑和在单元格内中进行编辑。

①在编辑栏内编辑数据。选定单元格后，单元格中的数据显示在编辑栏中。单击编辑栏使其处于激活状态，就可以在编辑栏中对单元格中的数据进行输入、修改编辑。

②在单元格内编辑数据。双击单元格进入单元格编辑状态，即可直接输入、修改单元格内的数据。进入编辑状态后，状态栏中显示"编辑"字样。

4. “订货”工作簿的建立

按图 4－15 完成工作簿“订货”的创建。

	A	B	C	D	E	F	G
1	产品名称	产地	订购日期	单价	数量	订购额	
2	衬衫	北京	2013/3/2	85	400		
3	衬衫	天津	2013/3/4	76	350		
4	衬衫	上海	2013/3/6	45	280		
5	衬衫	广州	2013/3/8	44	290		
6	套裙	北京	2013/3/6	450	476		
7	套裙	天津	2013/3/7	370	736		
8	套裙	上海	2013/3/8	320	382		
9	套裙	广州	2013/3/5	540	182		
10	西服	北京	2013/3/2	900	847		
11	西服	天津	2013/3/3	980	371		
12	西服	上海	2013/3/4	1490	387		
13	西服	广州	2013/3/6	2000	433		
14							

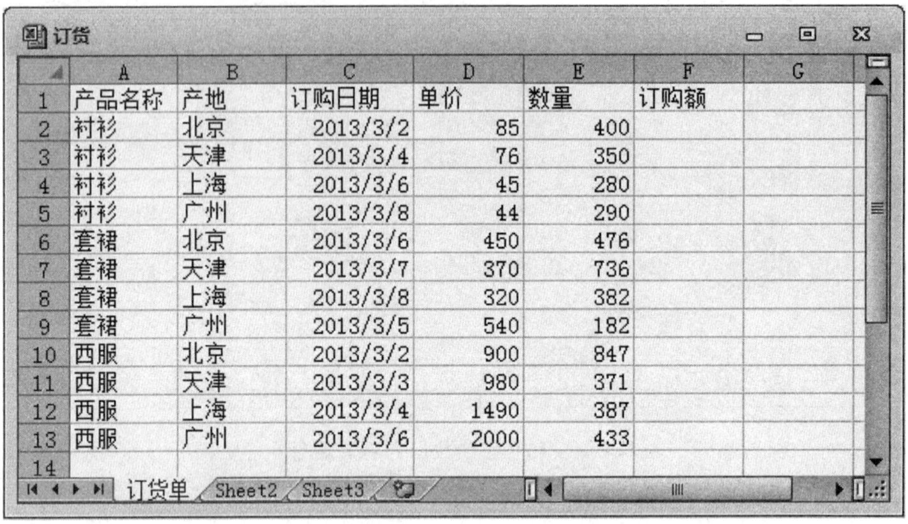

图 4－15 “订货”工作簿

（1）按上述介绍的方法建立一个空白工作簿，命名为“订货”，将“Sheet1”工作表重命名为“订货单”。

（2）标题行数据输入。单击 A1 单元格，输入“产品名称”，用以此方法在 B1、C1、D1、E1、F1 单元格中分别输入“产地”“订购日期”“单价”“数量”“订购额”。

（3）A 列数据输入。

①在 A2 单元格中输入“衬衫”，再单击 A2 单元格，将鼠标放在 A2 单元格的右下角，指针变成一个细实线的“＋”形状，为复制柄。将鼠标向下拖动到需要的位置：A5 单元格。

②在 A6 单元格中输入“套裙”，再单击 A6 单元格，将鼠标放在 A6 单元格的右下角，指针变成一个细实线的“＋”形状时，将鼠标向下拖动到需要的位置：A9 单元格。

③同理完成 A10：A13 的输入。

（4）B 列数据的输入。

①单击“文件”→“选项”→“高级”→“常规”功能组区域的“编辑自定义列表”按钮，在右边的框中输入“北京”，按 Enter 键；同法输入“天津”“上海”“广州”。单击“添加”按钮确认输入，如图 4－16 所示。

②单击 B2 单元格，输入“北京”。再单击 B2 单元格，将鼠标放到此单元格的右下角，出现复制柄时拖动鼠标到 B13 单元格，完成 B 列数据的输入。

（5）C 列数据输入。

①单击 C2 单元格，输入“2013－3－2”，单击此单元格，将鼠标放到此单元格的右下角，出现复制柄时拖动鼠标到 C5 单元格。选择“开始”→“编辑”→“填充”→“系列”命令，在弹出“序列”对话框中选择“步长值”为“2”，如图 4－17 所示。

②单击 C2 单元格，鼠标拖动到 C5 单元格，选择 C2：C5 区域，选择“开始”→“剪贴板”→“复制”命令。

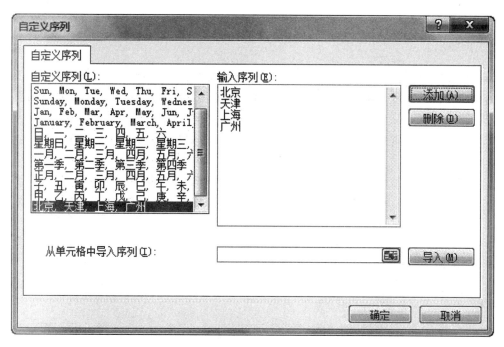

图 4-16 "自定义序列"对话框

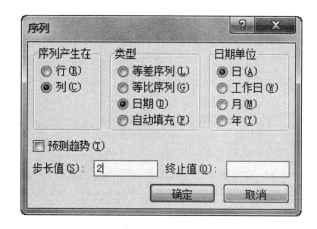

图 4-17 "序列"对话框

③单击 C6 单元格,选择"开始"→"剪贴板"→"粘贴"命令。单击 C10 单元格,再次使用"粘贴"命令填满 C 列。

(6) 输入"价格"列和"数量"列的数据。

实训 2 工资表的数据处理

【实训目标】

使用 Excel 2010 完成对工作簿"工资表"中的数据的管理,包括计算一月中的某些数据、自动求和、求平均数、求最高工资、最低工资、排序、筛选等工作。在其基础上做二月和三月的工资数据处理。

【实训要求】

Excel 处理数据的能力很强，是因为 Excel 2010 的公式与函数提供了非常强大的计算功能，为用户分析与处理工作表中的数据提供很大的方便。Excel 提供了各种计算功能，用户根据系统提供的运算符和函数创建计算公式，系统将按计算公式进行计算，并将结果反映在表格中。这个实训就是利用公式和函数完成工资表中的数据计算，并完成筛选、排序等任务。

涉及的知识点有公式的使用和规则、函数的使用和规则、排序和筛选。

【实训步骤】

1. 用公式处理数据

（1）完成保险金的计算。打开"工资表"工作簿，单击工作表标签"一月"，如图 4－18 所示。

图 4－18　一月工作表

（2）保险金的计算。

①在编辑栏或 G2 单元格中输入"＝C2*0.05"，如图 4－19 所示。公式中的"C2"也可以用鼠标单击 C2 单元格。然后按 Enter 键结束输入。

②G2 单元格中显示数据"137.5"，编辑栏中显示的是公式。

（3）将鼠标放到 G2 单元格的右下角，当出现黑"＋"填充柄时，向下拖动鼠标，完成其他数据的计算填充，如图 4－20 所示。

（4）完成工资的计算。

①同计算保险金相似，在 H2 单元格中或编辑栏中输入"＝C2＋D2＋E2－F2－G2"，按 Enter 键结束输入。H2 单元格中显示数据"3373.2"，编辑栏中显示的是公式。

②将鼠标放到 H2 单元格的右下角，当出现黑"＋"填充柄时，向下拖动鼠标，完成其他数据的计算填充，如图 4－21 所示。

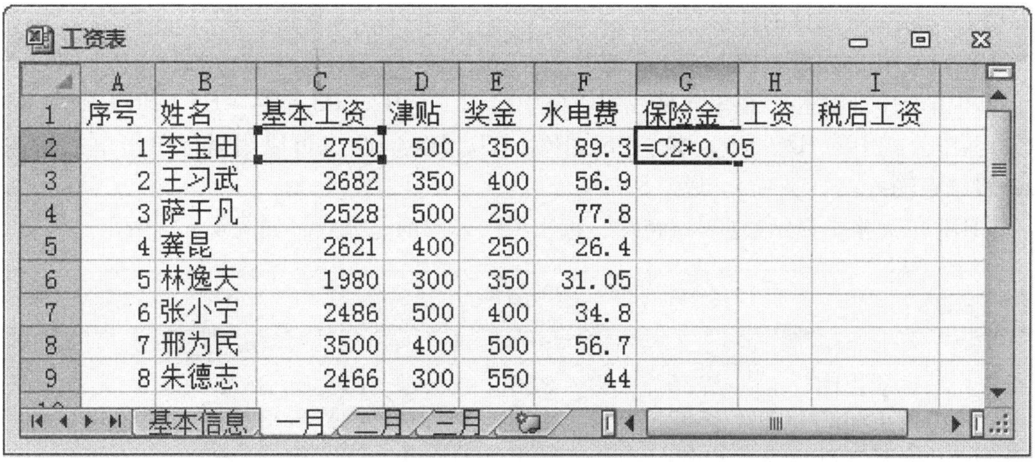

第4章 Excel 2010 电子表格软件

图4-19 G2单元格的公式

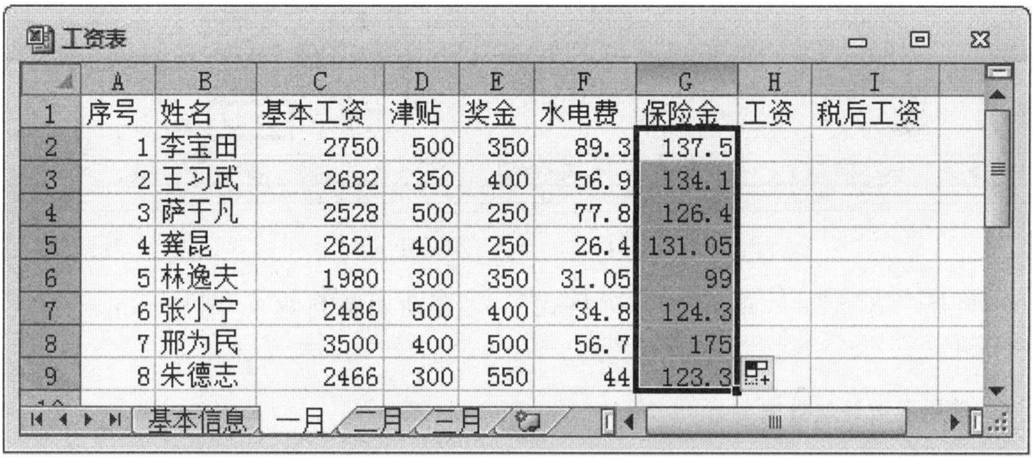

图4-20 填充G列数据

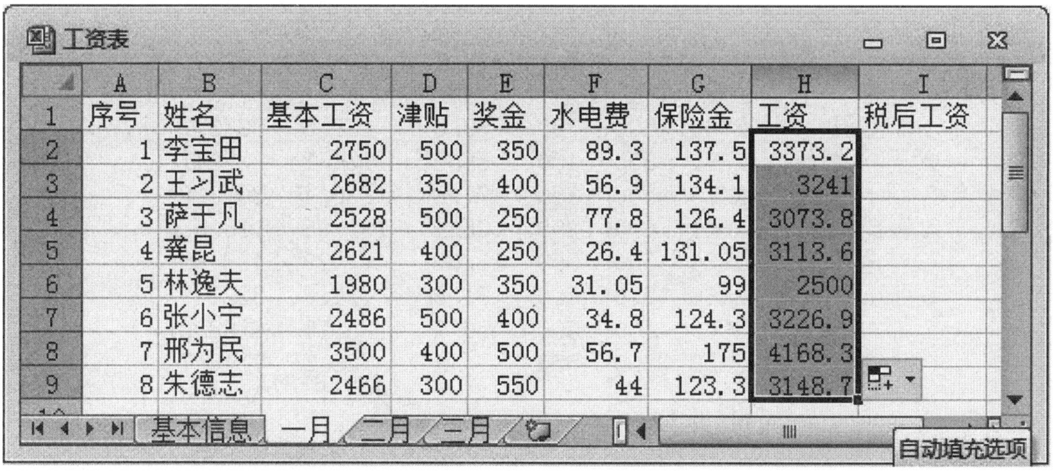

图4-21 填充H列数据

（5）完成工资总计的计算。

①单击 G10 单元格，输入“工资总计”。

②单击 H10 单元格，在单元格或编辑栏中输入“ = H2 + H3 + H4 + H5 + H6 + H7 + H8 + H9”。其中公式中的 H2、H3、H4、H5、H6、H7、H8、H9 也可以用鼠标单击单元格。按 Enter 键结束输入。

③H10 单元格中显示数据“####”，编辑栏中显示的是公式，如图 4 – 22 所示。

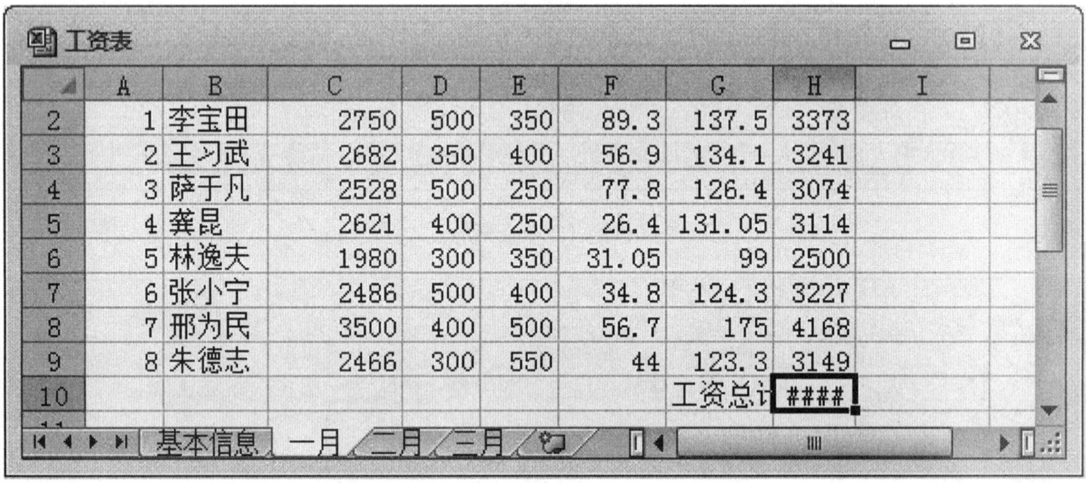

	A	B	C	D	E	F	G	H	I
2	1	李宝田	2750	500	350	89.3	137.5	3373	
3	2	王习武	2682	350	400	56.9	134.1	3241	
4	3	萨于凡	2528	500	250	77.8	126.4	3074	
5	4	龚昆	2621	400	250	26.4	131.05	3114	
6	5	林逸夫	1980	300	350	31.05	99	2500	
7	6	张小宁	2486	500	400	34.8	124.3	3227	
8	7	邢为民	3500	400	500	56.7	175	4168	
9	8	朱德志	2466	300	550	44	123.3	3149	
10							工资总计	####	

图 4 – 22　计算工资总计

④选择“开始”→“单元格”→“格式”→“自动调整列宽”，则显示正确的数据“25845.4”。

2. 使用函数处理数据

（1）打开“工资表”工作簿，单击工作表“一月”，如图 4 – 23 所示。

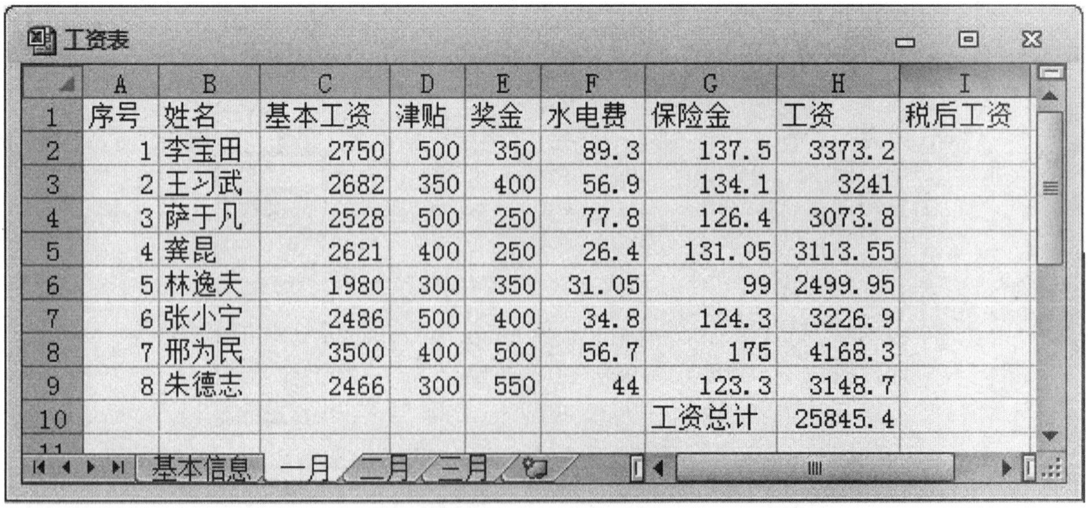

	A	B	C	D	E	F	G	H	I
1	序号	姓名	基本工资	津贴	奖金	水电费	保险金	工资	税后工资
2	1	李宝田	2750	500	350	89.3	137.5	3373.2	
3	2	王习武	2682	350	400	56.9	134.1	3241	
4	3	萨于凡	2528	500	250	77.8	126.4	3073.8	
5	4	龚昆	2621	400	250	26.4	131.05	3113.55	
6	5	林逸夫	1980	300	350	31.05	99	2499.95	
7	6	张小宁	2486	500	400	34.8	124.3	3226.9	
8	7	邢为民	3500	400	500	56.7	175	4168.3	
9	8	朱德志	2466	300	550	44	123.3	3148.7	
10							工资总计	25845.4	

图 4 – 23　一月工作表

（2）完成税后工资的计算。我们要使用 IF 函数。如果工资高于 3000，则交的税为：（工资 -3000）*0.1；如果工资低于 3000，则交的税为：0。

①在 I2 单元格中或编辑栏中输入"= IF(H2 > 3000, H2 - (H2 - 3000) * 0.1, H2)"。其中 H2 可以用鼠标选中 H2 单元格。

②按 Enter 键结束输入，I2 单元格中显示数据"3335.88"，编辑栏中显示的是公式。

③将鼠标放到 I2 单元格的右下角，当出现黑"+"填充柄时，向下拖动鼠标，完成其他数据的计算填充，如图 4-24 所示。

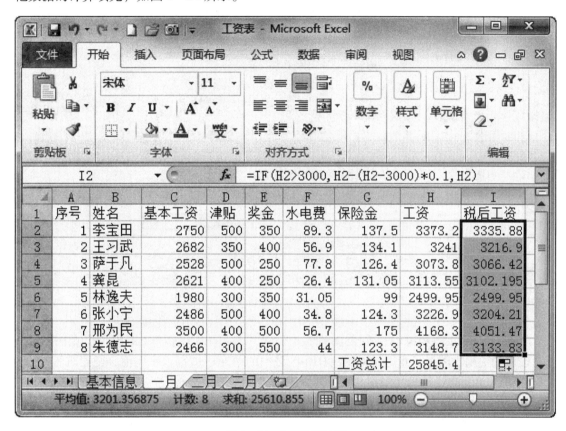

图 4-24 I 列数据计算

（3）单击 H10 单元格，编辑栏中出现公式"= H2 + H3 + H4 + H5 + H6 + H7 + H8 + H9"，想象一下，如果员工有 100 多个，我们不可能输入那么长的公式。现在用函数完成工资总计。

①单击 I10 单元格，单击工具栏中的"自动求和"按钮。

②在 H10 单元格和编辑栏中会自动填入公式"= SUM(H2:H9)"；此时，H2:H9 区域的边框在闪烁，意思是对 H2:H9 区域中的单元格进行求和。

③不修改数据区域，按 Enter 键确认，H10 单元格中出现合计值，完成工资的总计。

（4）计算平均工资。

①单击工作表标签"一月"。在 G11 单元格中输入"平均工资"。

②选中 H11 单元格后，单击 按钮右侧的下拉按钮，从中选择"平均值"命令，如图 4-25 所示。

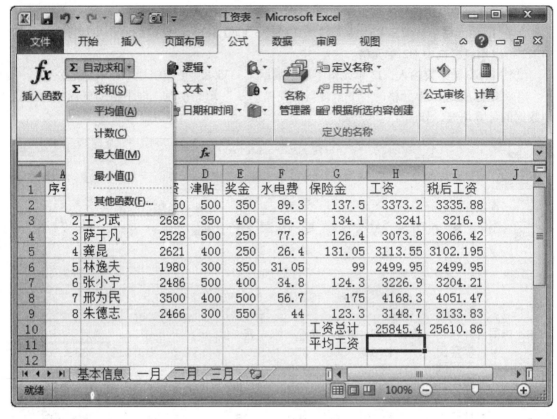

图 4-25 平均值的计算

③在 H11 单元格和编辑栏中会自动填入公式" = AVERAGE(H2:H10)"。此时，H2:H10 区域的边框在闪烁，意思是对 H2:H10 区域中的单元格进行求平均值。与要求不符合，所以在 H11 单元格或编辑栏中把"H10"修改成"H9"。

④按 Enter 键确认后，H11 单元格中出现平均值。

(5) 求最高工资。

①在 G12 单元格中输入"最高工资"。

②选中 H12 单元格后，单击 ∑自动求和 按钮右侧的下拉按钮，从中选择"最大值"命令，在 H12 单元格和编辑栏中会自动填入公式" = MAX(H2:H11)"。

③此时，H2:H11 区域的边框在闪烁，意思是对 H2:H11 区域中的单元格进行求最大值，与要求不符合，所以在 H12 单元格或编辑栏中把"H11"修改成"H9"。

④按 Enter 键确认后，H12 单元格中出现最高工资。

(6) 求最低工资。

①在 G13 单元格中输入"最低工资"。

②单击 ∑自动求和 按钮右侧的下拉按钮，从中选择"最小值"。用同样的方法可完成最低工资的计算，如图 4-26 所示。

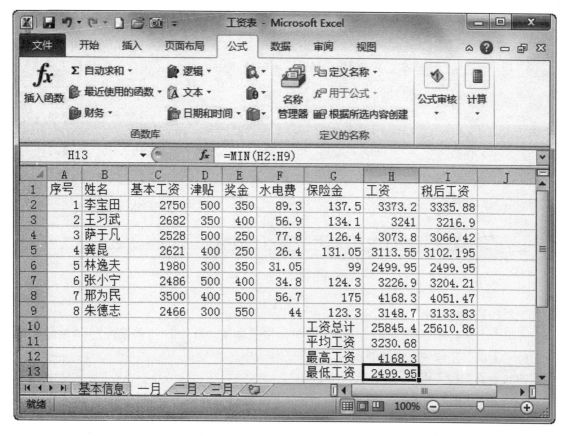

图 4-26　H 列数据

3. 建立第一季度的工资报表

一月份的工资同先前的"一月"中的数据，二月份的工资是有工龄工资的，工龄工资为：工龄大于等于 30 年的，工龄工资每年 25 元；工龄大于等于 20 年的，工龄工资每年 20 元；工龄大于等于 10 年的，工龄工资每年 15 元；工龄少于 10 年的，工龄工资每年 10 元；公式为" = IF(H2 > = 30,25 * H2,IF(H2 > = 20,20 * H2,IF(H2 > = 10,15 * H2,10 * H2)))"。三月份的工资在二月份的基础上有季度奖，为每人 500 元。

（1）打开"工资表"工作簿，选中工作表标签"一月"。

（2）复制工作表"一月"的数据到工作表"二月"。

①单击工作表"一月"中的 A1 单元格，拖动到 I13 单元格，选中 A1:I13 区域，选择"开始"→"剪贴板"→"复制"命令。

②单击工作表"二月"，选中 A1 单元格，选择"开始"→"剪贴板"→"粘贴"命令。选中 G10:H13 区域，删除统计数据，如图 4-27 所示。

（3）复制工作表"基本信息"的"工龄"列数据到工作表"二月"中。

①单击工作表"二月"中的"工资"单元格，选择"开始"→"单元格"→"插入"→"插入工作表列"命令。

②单击底部工作表标签"基本信息"，单击 F1 单元格，拖动到 F9 单元格，选中"工

龄"字段的数据,选择"开始"→"剪贴板"→"复制"命令。

③单击工作表标签"二月",选中 H1 单元格,选择"开始"→"剪贴板"→"粘贴"命令,将"工龄"字段的数据复制到"二月"工作表中。

(4) 计算工龄工资。

①单击工作表"二月"中的"工资"单元格,选择"开始"→"单元格"→"插入"→"插入工作表列"命令,在第一行输入"工龄工资"。

②单击 I2 单元格,在编辑栏中输入公式" = IF(H2 > = 30,25 * H2,IF(H2 > = 20,20 * H2,IF(H2 > = 10,15 * H2,10 * H2)))",如图 4 - 28 所示。

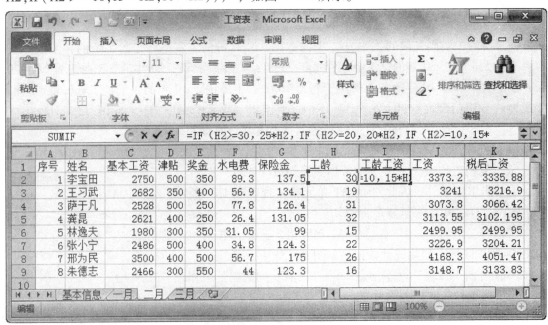

图 4 - 28 工龄工资的计算

③按 Enter 键确定，I2 单元格中出现数据"750"，单击 I2 单元格，指针变成一个细实线的"+"形状复制柄时，向下拖动鼠标到需要的位置 I9 单元格，出现其他数据的填充。

（5）重新计算"工资"列。

①单击"工资"下的单元格 J2，编辑栏中出现公式，将它改为"= C2 + D2 + E2 – F2 – G2 + I2"，按 Enter 键确定，J2 单元格中出现数据。

②单击 J2 单元格，指针变成一个细实线的"+"形状复制柄时，向下拖动鼠标到需要的位置：J9 单元格，出现其他数据的填充，如图 4 – 29 所示。

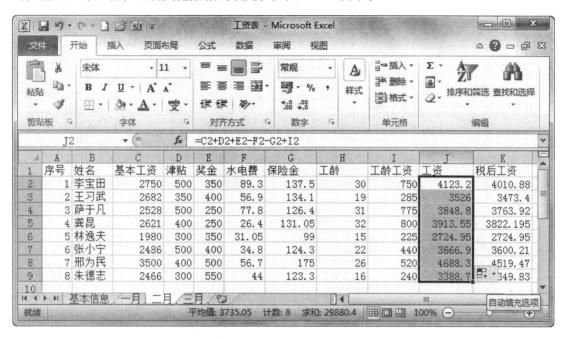

图 4 – 29　工资列的重新计算

（6）单击 K2 单元格，发现公式仍然成立。

（7）如上面的操作，将工作表"二月"的内容复制到工作表"三月"中。

（8）添加"季度奖"列。

①单击工作表标签"三月"，单击"工资"单元格，选择"开始"→"单元格"→"插入"→"插入工作表列"命令，在此列第一行输入"季度奖"。

②在此列第二行输入"500"，用复制柄完成其他单元格的数据填充。

（9）重新计算"工资"列数据。

①单击"工资"下的单元格 K2，编辑栏中出现公式，将它改为"= C2 + D2 + E2 – F2 – G2 + I2 + J2"，按 Enter 确定，K2 单元格中出现数据。

②单击 K2 单元格，指针变成一个细实线的"+"形状复制柄时，向下拖动鼠标到需要的位置：K9 单元格。出现其他数据的填充，如图 4 – 30 所示。

4. 排序和筛选

对三月的工作表排序，第一次是对"姓名"排序，第二次是先按"奖金"排序，奖金相同时，按"姓名"排序。

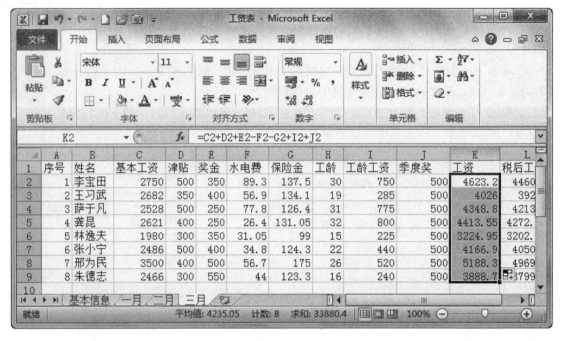

图 4-30　K 列数据计算

（1）在此工作簿中选择"三月"工作表。

（2）按"姓名"排序。

①选中数据清单中要进行排序的列"姓名"。

②选择"数据"→"排序和筛选"→"排序"命令，出现"排序"对话框，在"主要关键字"的下拉菜单中选择默认的"姓名"，再选"升序"，对话框右上侧的复选框"数据包含标题"为选中状态。如图 4-31 所示，单击"确定"按钮。

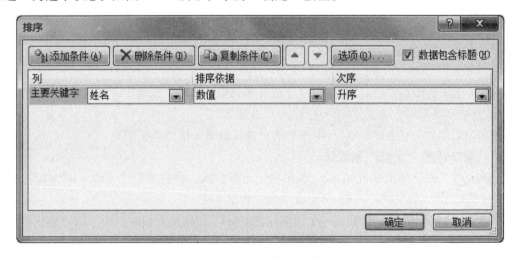

图 4-31　"排序"对话框

Excel 2010 就会按照用户的要求，对数据清单中的所有记录进行排序，如图 4-32 所示。

	A	B	C	D	E	F	G	H	I	J	K	L
1	序号	姓名	基本工资	津贴	奖金	水电费	保险金	工龄	工龄工资	季度奖	工资	税后工资
2	4	龚昆	2621	400	250	26.4	131.05	32	800	500	4413.55	4272.195
3	1	李宝田	2750	500	350	89.3	137.5	30	750	500	4623.2	4460.88
4	5	林逸夫	1980	300	350	31.05	99	15	225	500	3224.95	3202.455
5	3	萨于凡	2528	500	250	77.8	126.4	31	775	500	4348.8	4213.92
6	2	王习武	2682	350	400	56.9	134.1	19	285	500	4026	3923.4
7	7	邢为民	3500	400	500	56.7	175	26	520	500	5188.3	4969.47
8	6	张小宁	2486	500	400	34.8	124.3	22	440	500	4166.9	4050.21
9	8	朱德志	2466	300	550	44	123.3	16	240	500	3888.7	3799.83

图 4-32 按"姓名"字段排序

(3) 先按"奖金"排序,奖金相同的,按"姓名"排序。

①选中数据清单中要进行排序的列"奖金"。

②选择"数据"→"排序和筛选"→"排序"命令,出现"排序"对话框,在"主要关键字"的下拉菜单中选择"奖金",再选"升序";在"次要关键字"的下拉菜单中选择"姓名",再选"升序"。单击"确定"按钮,完成排序。

(4) 筛选基本工资前 5 位的。

①单击"三月"工作表的任意单元格,选择"数据"→"排序和筛选"→"排序"命令,此时在数据清单的每个字段的右侧出现一个下拉箭头。

②单击"基本工资"字段名右侧的下拉箭头,从菜单中选择"数字筛选"→"10 个最大的值"命令,屏幕上将出现如图 4-33 所示的对话框。选择"最大""5""项"。

图 4-33 "自动筛选前 5 个"对话框

③单击"确定"按钮,完成要筛选出数据清单中基本工资排在前 5 位的人员,如图 4-34 所示。

	A	B	C	D	E	F	G	H	I	J	K	L
1	序号	姓名	基本工资	津贴	奖金	水电费	保险金	工龄	工龄工资	季度奖	工资	税后工资
2	4	龚昆	2621	400	250	26.4	131.05	32	800	500	4413.55	4272.195
3	1	李宝田	2750	500	350	89.3	137.5	30	750	500	4623.2	4460.88
5	3	萨于凡	2528	500	250	77.8	126.4	31	775	500	4348.8	4213.92
6	2	王习武	2682	350	400	56.9	134.1	19	285	500	4026	3923.4
7	7	邢为民	3500	400	500	56.7	175	26	520	500	5188.3	4969.47

图 4-34 筛选结果

(5) 筛选出数据清单中基本工资在 2 500~4 500 的员工。

①单击"基本工资"字段名右侧的下拉箭头,从菜单中选择"数字筛选"→"自定义筛

选"命令,弹出"自定义自动筛选方式"对话框。

②在四个下拉列表中选"大于""2500""小于""4500"。中间选"与"选项,如图 4-35 所示。单击"确定"按钮,即可得到想要的记录。

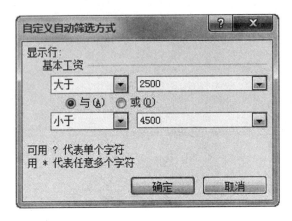

图 4-35 "自定义自动筛选方式"对话框

③退出筛选。选择"数据"→"排序和筛选"→"筛选"命令,退出筛选。

(6) 筛选出数据清单中工资在 4000~6000 的工龄在 30 年以上的职工。

①设置条件区域。在 C13 单元格中输入"工龄",在它下面的单元格中输入">30"。在 D13、E13 两单元格中分别输入"工资",在其下面对应单元格中输入">4000"及"<6000"(3 个条件在同一行,表示同时成立。即要求条件是工资在 4000~6000 的工龄在 30 年以上的职工)。

②进行高级筛选。单击数据区任意一单元格,然后选择"数据"→"排序和筛选"→"高级"命令,弹出"高级筛选"对话框,"方式"选择"将结果复制到其他位置"单选按钮;"列表区域"默认是整个数据区域,不用处理;单击"条件区域"右侧的折叠按钮,拖动鼠标选择 C13:E14 单元格区域,选中第①步输入的条件区域,单击箭头所指的折叠按钮返回;单击"复制到"右侧的折叠按钮,单击 A17 单元格,筛选结果所放的位置,再单击折叠按钮返回。返回后单击"确定"按钮,得到筛选结果,如图 4-36 所示。

17	序号	姓名	基本工资	津贴	奖金	水电费	保险金	工龄	工龄工资	季度奖	工资	税后工资
18	4	龚昆	2621	400	250	26.4	131.05	32	800	500	4413.55	4272.195
19	3	萨于凡	2528	500	250	77.8	126.4	31	775	500	4348.8	4213.92

图 4-36 筛选结果

5. 分类汇总

对已经创建的工作簿"订货",输入数据,进行汇总。

(1) 打开"订货"工作簿。

(2) 单击 F2 单元格,输入公式"=D2*E2",按 Enter 键确定输入。利用复制柄获得此列数据,如图 4-37 所示。

(3) 在数据清单中选定任意一个单元格。

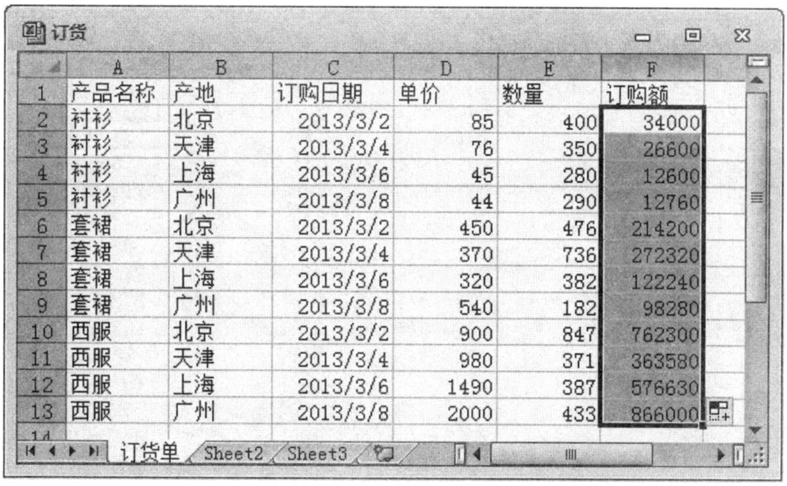

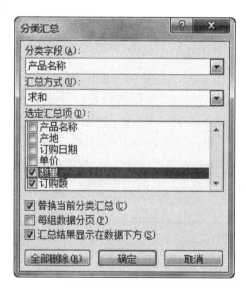

图4-37 订货单工作表

(4) 选择"数据"→"分级显示"功能区中的"分类汇总"命令，出现如图4-38所示的"分类汇总"对话框。

图4-38 "分类汇总"对话框

在"分类字段"下拉列表框中选择要分类汇总的数据列"产品名称"。
在"汇总方式"下拉列表框中选择要分类汇总的函数"求和"。
在"选定汇总项"列表框中指定要分类汇总的列"数量"和"订购额"。
单击"确定"按钮，汇总结果如图4-39所示。
如果要删除以上分类汇总的结果，单击图4-38中的"全部删除"按钮即可。

6. 建立数据透视表

打开工作簿"订货"，对工资表"订货单"内数据清单的内容建立数据透视表，行标签为"产地"，列标签为"产品名称"，求和项为"订购额"，并置于现工资表的H6:L12单元

	A	B	C	D	E	F	G
1	产品名称	产地	订购日期	单价	数量	订购额	
2	衬衫	北京	2013/3/2	85	400	34000	
3	衬衫	天津	2013/3/4	76	350	26600	
4	衬衫	上海	2013/3/6	45	280	12600	
5	衬衫	广州	2013/3/8	44	290	12760	
6	衬衫 汇总					85960	
7	套裙	北京	2013/3/2	450	476	214200	
8	套裙	天津	2013/3/4	370	736	272320	
9	套裙	上海	2013/3/6	320	382	122240	
10	套裙	广州	2013/3/8	540	182	98280	
11	套裙 汇总					707040	
12	西服	北京	2013/3/2	900	847	762300	
13	西服	天津	2013/3/4	980	371	363580	
14	西服	上海	2013/3/6	1490	387	576630	
15	西服	广州	2013/3/8	2000	433	866000	
16	西服 汇总					2568510	
17	总计					3361510	

图 4-39　数据列表的分类汇总

格区域，工资表名不变，保存工作簿。

（1）打开工作簿"订货"，选中"订货单"工作表。

（2）在"插入 | 表格"分组中的"数据透视表"下拉列表中选择"数据透视表"，打开"创建数据透视表"对话框，选中"选择一个表/区域"单选按钮，单击"表或区域"文本框右侧的按钮压缩对话框，在工作表上选中 A1:F13 单元格区域，再次单击按钮展开对话框，在"选择放置数据透视表的位置"选项组中选中"现有工作表"，然后在"位置"文本框输入"H6:L12"，如图 4-40 所示。单击"确定"按钮，则在指定位置生成数据透视表模板。

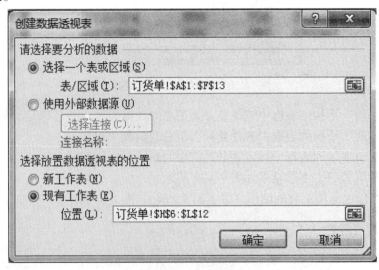

图 4-40　创建数据透视表

(3) 在工作界面右侧出现"数据透视表字段列表",在"选择要添加到报表的字段"列表框中选中"产地""产品名称""订购额"复选框,将"产地"字段拖到下方布局部分"行标签"区域,将"产品名称"字段拖到"列标签"区域,将"订购额"字段拖到"数值"区域,如图 4-41 所示,保存工作簿。

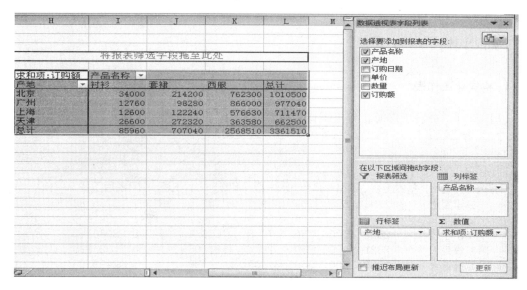

图 4-41 数据透视表

实训 3 工作表的格式化和打印

【实训目标】

对 Excel 工作簿"工资表"中的工作表"一月"进行格式设置,设置好后打印输出,如图 4-42 所示。

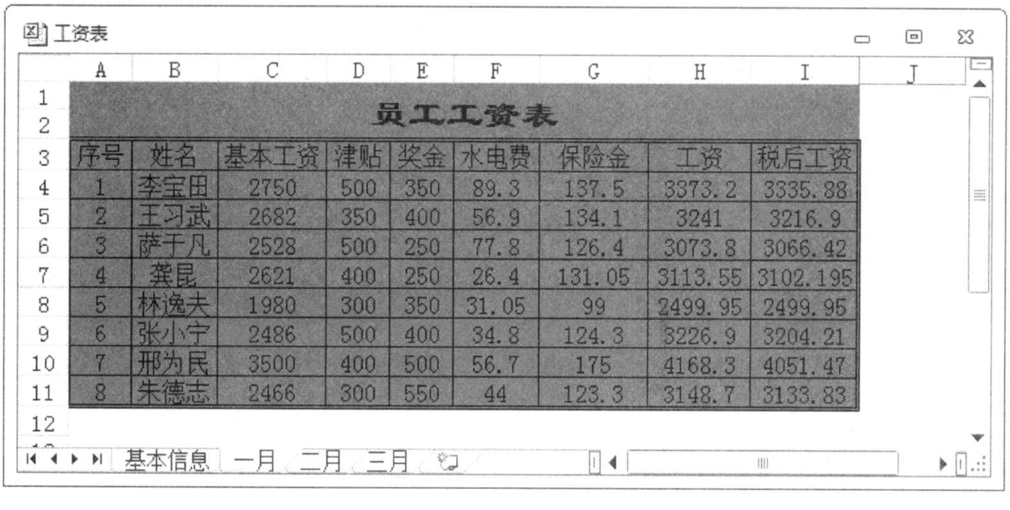

图 4-42 格式化后的一月工作表

【实训要求】

在建立和编辑工作表之后，需要对工作表进行格式设置，使打印出来的表格更加美观。Excel 提供了十分丰富的格式化命令，用户可以方便地使用格式对字体、对齐方式、边界、色彩、图案、行和列的高度及宽度进行设置；完成格式套用、页面设置和打印。

【实训步骤】

1. 格式化工作表

（1）打开工资表工作簿，单击工作表标签“一月”，如图 4 -43 所示。

	A	B	C	D	E	F	G	H	I
1	序号	姓名	基本工资	津贴	奖金	水电费	保险金	工资	税后工资
2	1	李宝田	2750	500	350	89.3	137.5	3373.2	3335.88
3	2	王习武	2682	350	400	56.9	134.1	3241	3216.9
4	3	萨于凡	2528	500	250	77.8	126.4	3073.8	3066.42
5	4	龚昆	2621	400	250	26.4	131.05	3113.55	3102.195
6	5	林逸夫	1980	300	350	31.05	99	2499.95	2499.95
7	6	张小宁	2486	500	400	34.8	124.3	3226.9	3204.21
8	7	邢为民	3500	400	500	56.7	175	4168.3	4051.47
9	8	朱德志	2466	300	550	44	123.3	3148.7	3133.83

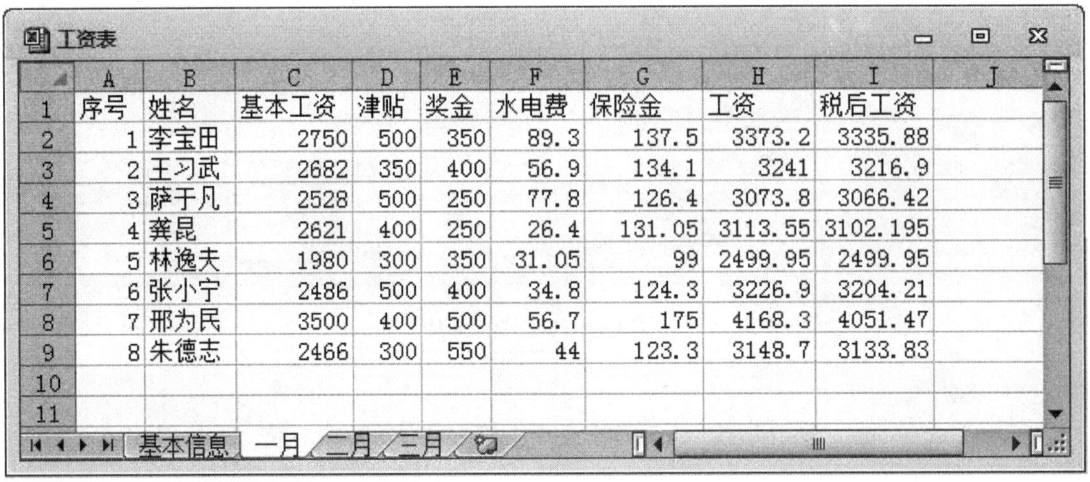

图 4 -43　格式化前的工作表

（2）标题栏的编辑与格式化。

①单击第一行任意单元格，比如“姓名”单元格。选择“开始”→“单元格”→“插入”→“插入工作表行”命令，操作两次，完成插入两空行的操作。

②单击 A1 单元格，拖动鼠标到 I2 单元格，选定两空白行区域 A1:I2，此区域颜色为淡蓝色，为区域选中状态。

③选择“开始”→“对齐方式”功能区右下角的按钮，打开“设置单元格格式”对话框（见图 4 -44）。在“水平对齐”“垂直对齐”和“文本控制”中分别选择“居中”“居中”和“合并单元格”，单击“确定”按钮完成输入。

④单击这个大单元格，然后输入标题“员工工资表”。

⑤选中标题“员工工资表”单元格，右击，在弹出的快捷菜单中选择“设置单元格格式”命令，弹出“设置单元格格式”对话框。在“字体”选项卡中设置字体为“隶书”，字号为“18”，字形为“加粗”，单击“确定”按钮完成标题的字体的设置，如图 4 -45 所示。

（3）格式化其他数据区。

①单击 A3 单元格“序号”，拖动鼠标到 I11 单元格，选定区域 A3:I11，此区域颜色为淡蓝色，为区域选中状态。

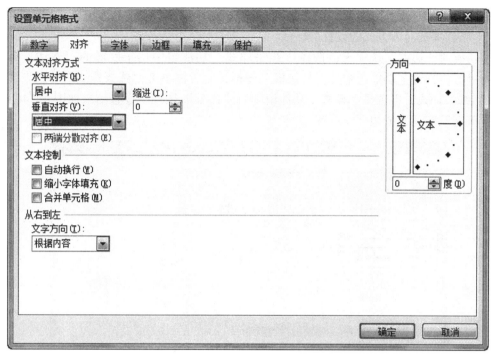

图 4-44 "对齐"设置对话框

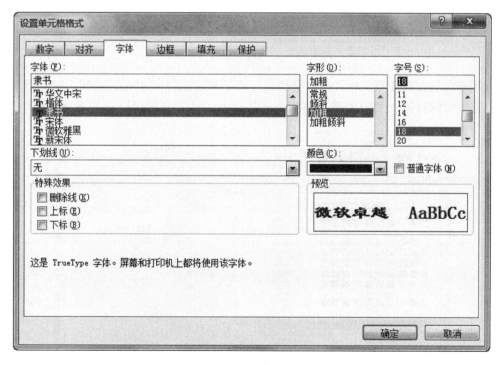

图 4-45 "字体"设置对话框

②右击,在弹出的快捷菜单中打开"设置单元格格式"对话框,选择"设置单元格格式"对话框中的"字体"选项卡,设置字体为"宋体",字号为"12",字形为"常规",单击"确定"按钮完成字体的设置。

③切换到"对齐"选项卡,在"水平对齐"和"垂直对齐"中都选择"居中",单击"确定"按钮完成对齐方式的设置。

④切换到"边框"选项卡,选择"线条样式"功能组中位于底部的"双线"线条样式,再单击"预置"功能组中的"外边框"图标;然后再单击"线条样式"中位于顶部的"单线"线条样式,再选择"预置"功能组中的"内部"图标。设置结果如图 4-46 所示,单击"确定"按钮完成边框的设置。

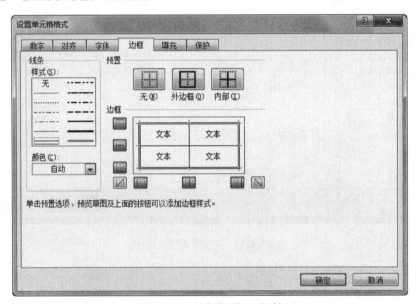

图 4-46 "边框"设置对话框

⑤用同样的方法打开"设置单元格格式"对话框,选择"填充"选项卡,在背景色方案中,选中第四行第三列的图案,如图 4-47 所示,单击"确定"按钮完成底纹的设置。结果如图 4-39 所示。

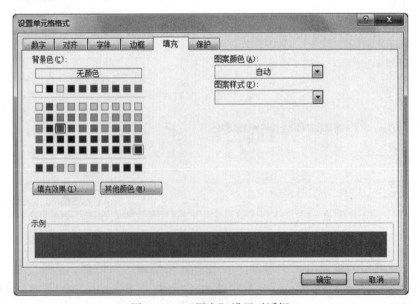

图 4-47 "图案"设置对话框

(4) 为"税后工资"列数据添加货币样式。

①选择"税后工资"列,右击,在弹出的快捷菜单中打开"设置单元格格式"对话框,在"数字"选项卡中选择货币格式为默认值,如图 4-48 所示。小数位数为 2 位。可以在右侧示例框中预览到格式。单击"确定"按钮完成"税后工资"的货币样式的设置。

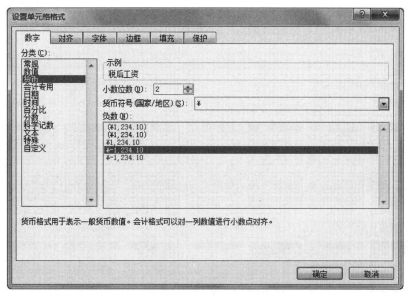

图 4-48 "数字"设置对话框

②如果单元格中数据为"####",说明此处单元格的宽度不合适,选择"开始"→"单元格"→"格式"→"单元格大小"→"自动调整列宽",则可正常显示数据。

(5) 单元格保护。

①H4 单元格(工资下方第一行)中有公式的输入,选中 H4 单元格,右击,在弹出的快捷菜单打开"设置单元格格式"对话框,选择"保护"选项卡,如图 4-49 所示。

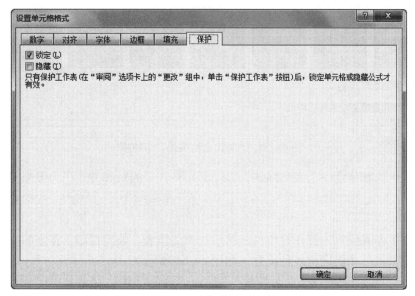

图 4-49 "保护"选项卡

②选中"锁定"复选框,工作表受保护后,单元格不能修改。选中"隐藏"复选框,单击"确定"按钮。完成保护的单元格还可以在工作表受保护后隐藏公式,这样可以防止他人查看数据的计算公式。

(6) 格式的套用。

①选定要套用格式的单元格区域 A1:I11。选择"开始"→"样式"→"套用表格格式"命令,出现图 4-50 所示的"套用表格格式"下拉框。

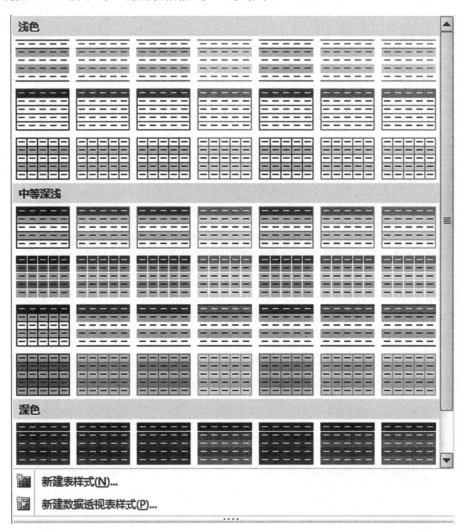

图 4-50 "套用表格格式"下拉框

②从列表中选择任意一个表格样式,自动套用格式后的对齐方式仍为原来对齐方式。

2. 打印

打印一个工作表应首先打开打印机,然后选中工作表。如要打印工作表的一部分,还需选择相应区域,然后才能进行各种设置,如图 4-51 所示。

(1) 选择"页面布局"→"页面设置",打开"页面设置"对话框的"页面"选项卡,在"方向"功能组中选择"纵向",在"缩放"功能组中"缩放比例"区域选取"100",

图 4-51 "页面设置"对话框

实现按 1:1 打印。按默认值自动设置页边距,顶、底各是 2.5 cm,左、右各是 1.9 cm。

(2) 单击要插入分页线的行：第 40 行(分页线插在此行前)。选择"页面布局"→"页面设置"→"分隔符""插入分页符"命令,一条虚线将出现在此行上,并作为分页标志。实现打印到 40 行。

(3) 在"页面设置"对话框中,选择"页眉/页脚"选项卡,在页眉框和页脚框中输入页眉和页脚即可。单击"打印",在界面右侧能直接预览检查各种设置是否合适。

(4) 选择"文件"→"打印"命令,或按 Ctrl + P 组合键。

实训 4 图 表

【实训目标】

为工作簿"学生成绩"中的工作表"学生成绩"创建图表,并能完成图表的各项操作。最后要给工作簿"学生成绩"进行加密设置。学生成绩表如图 4-52 所示。

【实训要求】

利用 Excel 提供的功能强大且使用灵活的图表功能,用户可以把表格中的数据用图表的方式展示,更直观形象地说明问题,更有利于数据分析。图表与生成它们的工作表链接,当更改工作表数据时,图表会自动更新。关键是能够在已有的工作表的基础上创建图表,能够理解并掌握图表提供的信息,并能够在图表上进行简单的操作。

涉及的知识点有：图表的创建和图表的缩放、复制、删除,图表数据的删除、添加和修改,在图表中加入各种图项,改变图表的类型,工作簿的密码设置和工作表的保护。

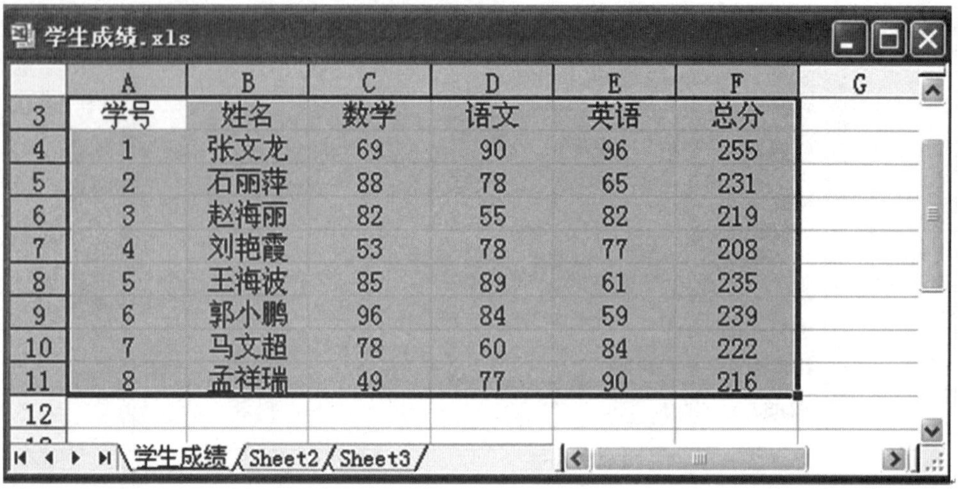

学号	姓名	数学	语文	英语	总分
1	张文龙	69	90	96	255
2	石丽萍	88	78	65	231
3	赵海丽	82	55	82	219
4	刘艳霞	53	78	77	208
5	王海波	85	89	61	235
6	郭小鹏	96	84	59	239
7	马文超	78	60	84	222
8	孟祥瑞	49	77	90	216

图 4－52　学生成绩工作表

【实训步骤】

1. 创建图表

（1）启动 Excel 2010，创建一个新工作簿，命名为“学生成绩”，将“Sheet1”修改为“学生成绩”，并输入如图 4－53 所示的工作表。

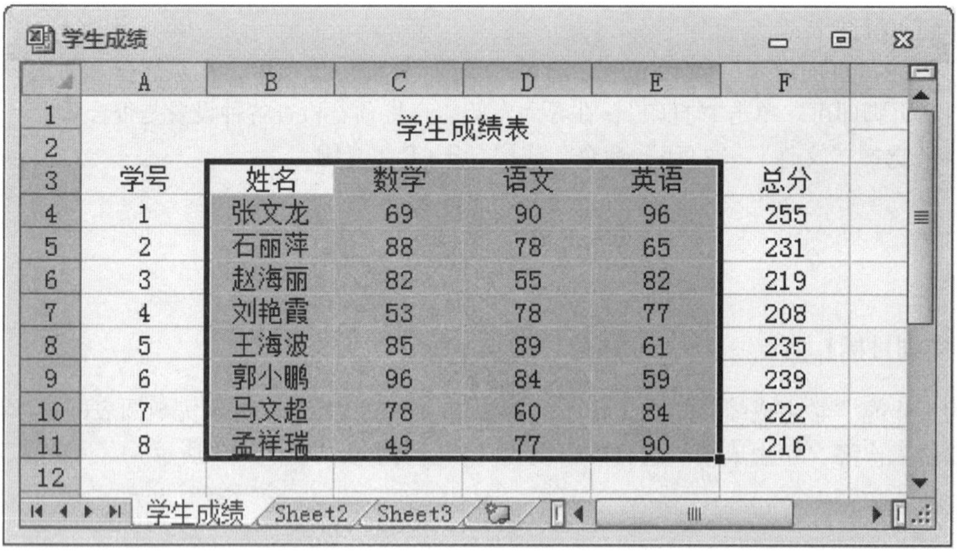

学生成绩表

学号	姓名	数学	语文	英语	总分
1	张文龙	69	90	96	255
2	石丽萍	88	78	65	231
3	赵海丽	82	55	82	219
4	刘艳霞	53	78	77	208
5	王海波	85	89	61	235
6	郭小鹏	96	84	59	239
7	马文超	78	60	84	222
8	孟祥瑞	49	77	90	216

图 4－53　选取区域

（2）在工作表上选取制作图表的数据。在工作表范围内选取一个数据区域，如图 4－50 所示。

（3）建立图表。选择“插入”→“图表”→“柱形图”，或单击“图表”功能区右下角的图标，打开“插入图表”对话框，如图 4－54 所示。选择“柱形图”选项后，在右边列表框里找到所需的样式后单击即可。图表效果如图 4-55 所示。

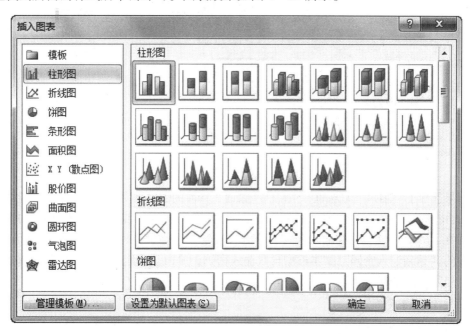

图 4-54 "插入图表"对话框

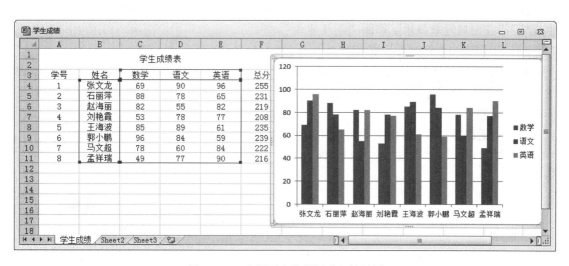

图 4-55 选择图表数据源建立效果图

(4) 在"插入"→"图表"中也可以选择其他模板来建立不同样式和风格的图表,便于数据的分析。

2. 工作簿、工作表的保密

(1) 如果不想让其他用户查看或修改工作簿"学生成绩",则为工作簿"学生成绩"设置密码。

① 选择"审阅"→"更改"→"保护工作簿"命令,弹出"保护结构和窗口"对话框,在"密码"文本框中输入密码,单击"确定"按钮即可,如图 4-56 所示。

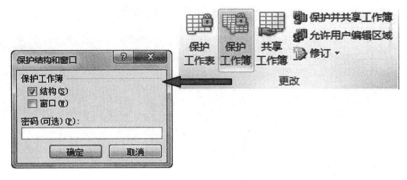

图 4-56 设置工作簿密码

②如果选中了"窗口"复选框，可以防止修改工作簿的窗口，窗口控制按钮变为隐藏，并且多数窗口功能例如移动、缩放、恢复、最小化、新建、关闭、拆分和冻结窗口将不起作用。

③如在"密码"文本框中输入密码后单击"确定"按钮，弹出"确认密码"对话框，在对话框中的"重新输入密码"文本框中再次输入密码，单击"确定"按钮，工作簿保护成功。

(2) 工作簿的隐藏。

①选择工作簿"学生成绩"。

②选择"视图"→"窗口"→"隐藏"命令，将当前工作簿窗口隐藏。窗口看不到工作簿"学生成绩"。

③选择"视图"→"窗口"→"取消隐藏"命令，如图 4-57 所示。在对话框中选择"学生成绩"。在窗口重新显示工作簿"学生成绩"。

(3) 工作表"学生成绩"的保护。

对工作簿进行了保护，虽然不能对工作表进行删除、移动等操作，但是在查看工作表时，工作表中的数据还是可以被编辑修改的。为了防止他人修改工作表中的数据，可以对工作表进行保护。

①单击工作簿"学生成绩"中的工作表标签"学生成绩"。

②选择"审阅"→"更改"→"保护工作表"命令，弹出"保护工作表"对话框，如图 4-58 所示。

图 4-57 "取消隐藏"对话框

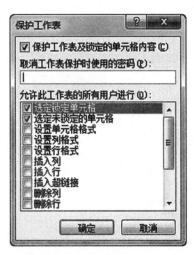

图 4-58 "保护工作表"对话框

③在"保护工作表"区域选择所需保护工作表选项。
④在"密码"文本框中输入密码。
⑤单击"确定"按钮后会弹出"确认密码"对话框,在对话框中的"重新输入密码"文本框中再次输入密码,单击"确定"按钮,工作表保护成功。

第 5 章

PowerPoint 2010 演示文稿软件

本章通过具体的实训讲解演示文稿处理软件 PowerPoint 2010 的相关知识，包括演示文稿的新建、保存，插入、删除幻灯片，向幻灯片中添加图片、动画、视频及幻灯片的自定义动画等相关内容。通过本单元的学习，希望读者能够对 PowerPoint 2010 软件有进一步的认识，在日后的工作和学习中能够熟练使用该软件制作结构合理、样式美观的演示文稿。

实训 1　制作"爱护环境"演示文稿

【实训目标】

演示文稿在我们日常生活中不可缺少，通过本实训的练习，读者将会对 PowerPoint 的启动与退出，幻灯片的相关操作，插入图片和录入文字，打开、添加、删除、移动、复制幻灯片，设置超链接，插入动作按钮和幻灯片的放映方式进行了解与掌握。

【实训要求】

实训的最终完成效果如图 5-1 所示。

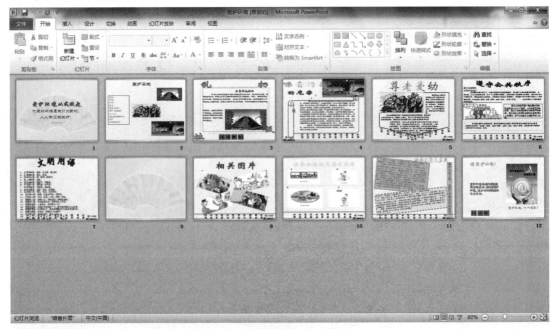

图 5-1　"爱护环境"演示文稿完成效果图

【实训步骤】

1. 新建爱护环境演示文稿

（1）单击"开始"→"所有程序"→"Microsoft Office"→"Microsoft Office PowerPoint 2010"命令，启动 PowerPoint 2010，如图 5-2 所示。

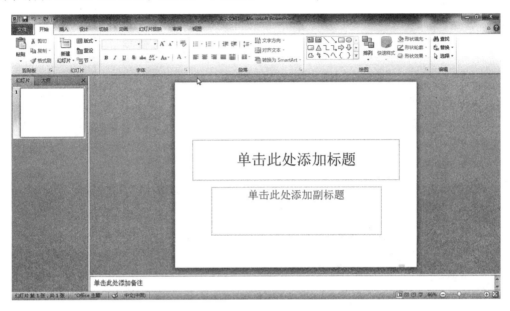

图 5-2　新建的空白演示文稿

（2）单击"设计"选项卡，在"主题"选项组中单击"暗香扑面"主题，完成后的效果如图 5-3 所示。

图 5-3　应用"暗香扑面"模板后的效果图

（3）单击"单击此处添加标题"文本框，输入演示文稿的标题——"爱护环境从我做起"，并设置主标题的字体为"华文行楷""加粗"，字号大小为"54"，字体颜色为"红色"；副标题——"优美的环境是我们大家的，人人都应该爱护！"的字体为"华文隶书"，字号大小为"36"，字体颜色为"蓝色"。选择"插入"→"文本框"→"横排文本框"命令，向幻灯片中插入一个文本框，并在文本框中输入日期。设置日期的字体为"Arial""加粗"，字号大小为"24"，字体颜色为"橙色"。完成后的效果如图5-4所示。

图5-4 输入标题后的效果图

（4）选择"文件"→"另存为"命令，在弹出的"另存为"对话框"文件名"组合框中输入演示文稿的名字"爱护环境"，如图5-5所示。通过以上几步新建了一个名为"爱护环境"的演示文稿。

图5-5 保存演示文稿

2. 向幻灯片中插入图片

（1）打开之前创建的"爱护环境"演示文稿，选择"开始"→"新建幻灯片"→"空白"命令，向其中插入 11 张新幻灯片，如图 5-6 所示。

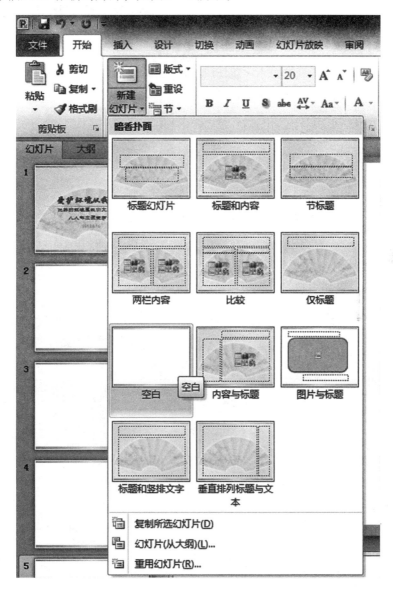

图 5-6 插入"空白"幻灯片

（2）向第 2 张幻灯片中插入一个横排文本框并输入文字"爱护环境"，设置其字号为"40"，字体为"华文隶书"，字体颜色为"红色"。再插入一个横排文本框并输入个人信息（姓名、职业、联系电话、E-mail、QQ 等），设置文本框的边框颜色为"蓝色"、线型为"实线"、粗细为"2.25 磅"。将文本框内文字的字体设置为"华文行楷""加粗"，字体颜色设置为"绿色"，字号设置为"20"。然后向该幻灯片中插入 3 幅相关的图片，如图 5-7 所示。

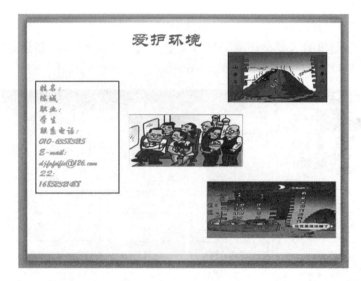

图 5-7　插入图片后的第 2 张幻灯片

(3) 向第 3~11 张幻灯片中插入相应的文字和图片,并进行相应的设置。

(4) 调整插入的图片的大小和位置,设置文字的字号、颜色、字体类型,文本框边框颜色等。完成后的效果如图 5-8 所示。

图 5-8　图文混排效果图

(5) 选中第 12 张幻灯片,向其中输入文字"请爱护环境!",将其字体设置为"华文行楷""加粗",字号设置为"40",字体颜色设置为"绿色"。插入一幅宣传爱护环境理念的图片,调整其大小和位置;再插入一个文本框,向文本框中输入文字"爱护环境,人人有责!",设置其字体为"华文行楷",字号为"28",字体颜色为"橙色"。再向第 12 张幻灯片中插入一个文本框并输入文字"爱护环境是我们现在最需要做的事,我们要爱护环境,减少对地球的伤害以及负担。",设置其字体为"宋体""加粗",字号为"24",字体颜色为"蓝色"。完成后的效果如图 5-9 所示。

3. 幻灯片的后期加工

(1) 打开之前创建的"爱护环境"演示文稿,选中第 2 张幻灯片。选中第 1 张图片,然后选择"插入"→"链接"→"超链接"命令,如图 5-10 所示。

第 5 章 PowerPoint 2010 演示文稿软件

图 5-9 第 12 张幻灯片效果图

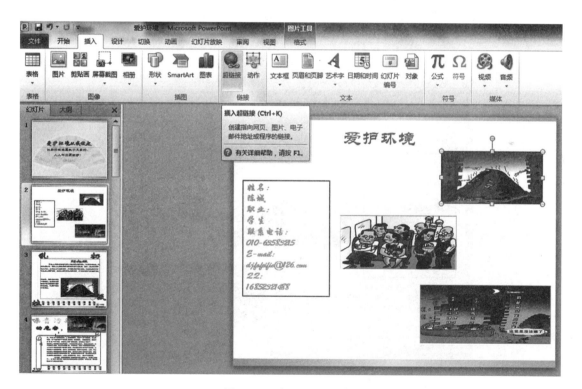

图 5-10 插入"超链接"

（2）在弹出的"插入超链接"对话框中，在左边的"链接到"列表框中选择"文档中的位置"选项，在"请选择文档中的位置"列表框中选择"幻灯片 3"，如图 5-11 所示，然后单击"确定"按钮。

— 139 —

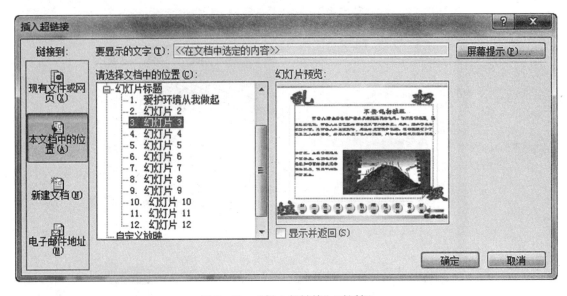

图 5-11 "插入超链接"对话框

（3）重复上述步骤，给第 2 张幻灯片里所有的图片设置好相应的超链接，效果如图 5-12 所示。

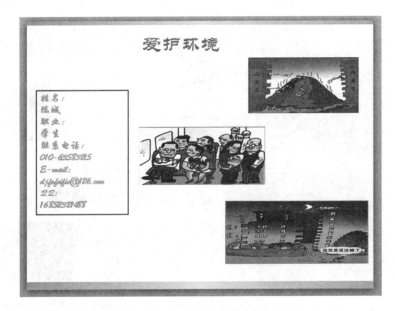

图 5-12 设置超链接后的效果图

（4）选中第 3 张幻灯片，选择"插入"→"插图"→"形状"命令，在弹出的列表中选择"后退"按钮，如图 5-13 所示。

（5）在第 3 张幻灯片下方绘制出"后退"按钮，弹出"动作设置"对话框，选中"超链接到"单选按钮，在其下拉列表中选择"上一张幻灯片"选项，如图 5-14 所示。

第 5 章　PowerPoint 2010 演示文稿软件

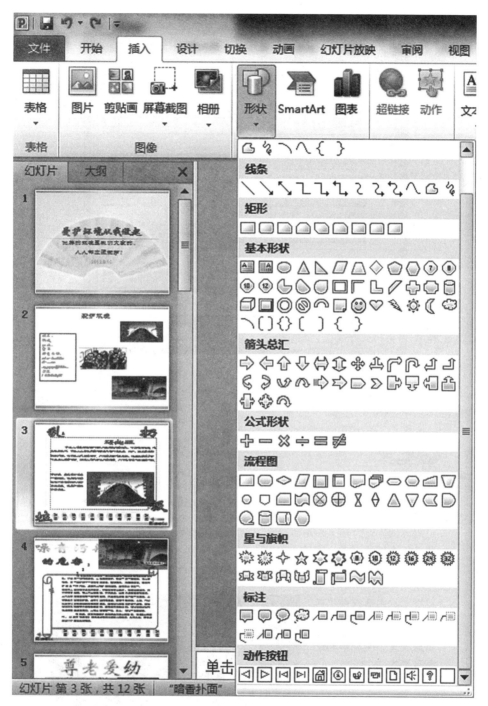

图 5-13　添加动作按钮

（6）重复步骤（4）、（5），最后将"前进""开始""结束"这 3 个动作按钮也添加到第 3 张幻灯片中，并设置每个动作按钮的动作。最终效果如图 5-15 所示。

图 5－14 "动作设置"对话框

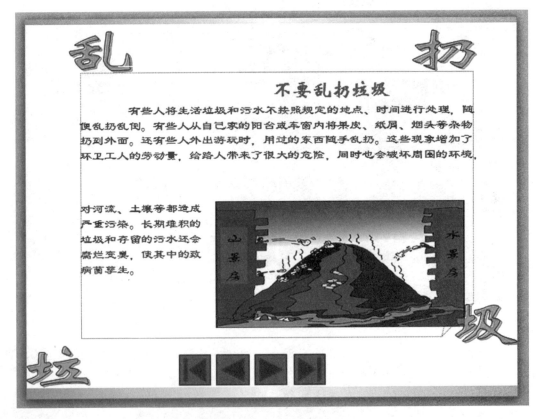

图 5－15 添加完动作按钮后的效果图

(7) 将步骤（6）制作的动作按钮添加到第 4~11 张幻灯片中。

(8) 将"开始""后退""前进"三个动作按钮添加到第 12 张幻灯片中，如图 5-16 所示。

图 5-16 添加 3 个动作按钮

(9) 单击"幻灯片放映"选项卡，根据需要设置幻灯片的放映方式，自行播放幻灯片以观看其运行效果，如图 5-17 所示。

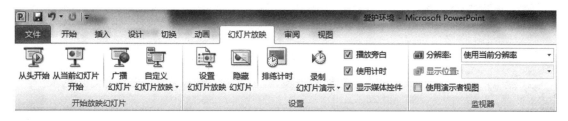

图 5-17 放映幻灯片

实训 2　制作教学课件"乌鸦喝水"

【实训目标】

课件教学在现在的多媒体教育方式中起到极其重要的作用，PowerPoint 制作课件利于学习时抓住重点知识。通过本实训将对课件制作中较为基础的艺术字、自选图形、声音和影片的插入方法进行训练，并就完成的作品进行动画设置。

【实训要求】

实训最终完成效果如图 5-18 所示。

计算机应用基础实训指导与习题集

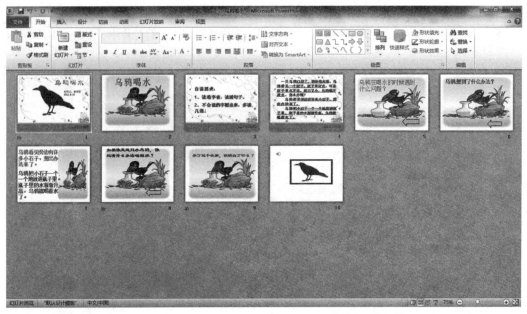

图 5-18 "乌鸦喝水"教学课件最终效果图

【实训步骤】

1. 新建"乌鸦喝水"教学课件演示文稿

(1)启动 PowerPoint 2010,向图 5-19 所示的演示文稿中插入 8 张主题为"空白"的幻

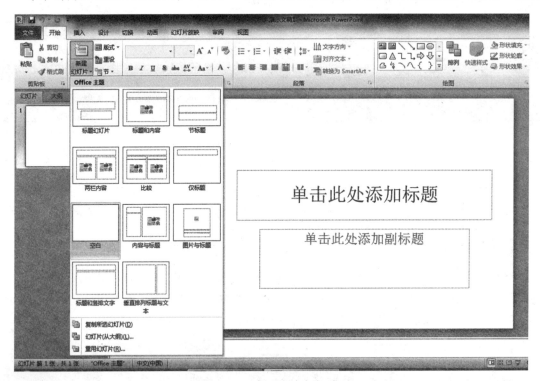

图 5-19 插入空白幻灯片

灯片，然后单击"文件"→"保存"命令，在弹出的"另存为"对话框中将演示文档命名为"乌鸦喝水"，如图 5-20 所示，单击"确定"按钮保存文件。

图 5-20　新建"乌鸦喝水"演示文稿

（2）插入素材图片，调整图片大小等同于幻灯片大小。选中图片，右击，在弹出的快捷菜单中选择"置于底层"命令，如图 5-21 所示。

图 5-21　将图片置于底层

（3）向第 1 张幻灯片中插入艺术字"乌鸦喝水"，设置艺术字样式为"艺术字库"的第 4 行第 3 列的样式，设置艺术字的字体为"华文隶书""加粗"，字号为"72"。再向该幻灯片中插入一个文本框，输入作者姓名和制作时间，设置其字号大小为"18"，字体为"宋体"，颜色为"蓝色"。调整艺术字和文本框的位置。效果如图 5-22 所示。

图 5-22　调整后的效果

（4）向第 2 张幻灯片中插入图片，调整图片大小等同于幻灯片大小并设置图片的层叠次序为"置于底层"，然后加入文字"乌鸦喝水"并设置文字字体、字号等。完成后的效果如图 5-23 所示。

图 5-23　第 2 张幻灯片效果图

(5) 向第 3 张幻灯片中插入背景图片，调整图片大小等同于幻灯片大小并设置图片的层叠次序为"置于底层"。再向该幻灯片中插入"自读要求"的相关内容，设置插入文字的字体类型、大小、颜色等样式，如图 5-24 所示。

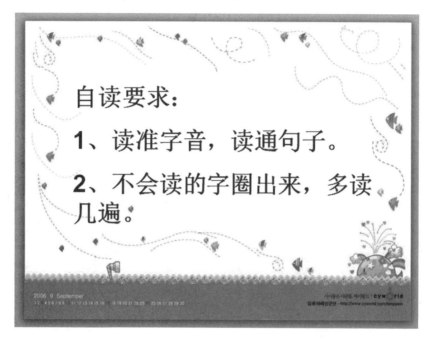

图 5-24 第 3 张幻灯片效果图

(6) 向第 4 张幻灯片中插入背景图片，调整图片大小等同于幻灯片大小并设置图片的层叠次序为"置于底层"。再向该幻灯片中插入教学过程的第一段内容，设置插入文字的字体类型、大小、颜色等样式，如图 5-25 所示。

(7) 向第 5 张幻灯片中插入图片，调整图片大小和位置。向幻灯片中插入图形和文字，设置图形和文字的相应格式，效果如图 5-26 所示。

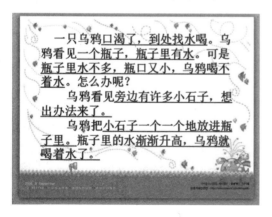

图 5-25 第 4 张幻灯片效果图

图 5-26 第 5 张幻灯片效果图

(8) 分别选中第 6~9 张幻灯片，按照上述第 5 张幻灯片的设置方法，完成第 6~9 张幻灯片的设置，效果如图 5-27~图 5-30 所示。

图 5-27 第 6 张幻灯片效果图

图 5-28 第 7 张幻灯片效果图

图 5-29 第 8 张幻灯片效果图

图 5-30 第 9 张幻灯片效果图

2. 幻灯片的后期加工

（1）打开"乌鸦喝水"演示文稿。选中第 1 张幻灯片的艺术字"乌鸦喝水"，单击"动画"选项卡，在"动画"选项组的列表中单击"形状"按钮，如图 5-31 所示。

（2）按照同样方法，给"制作人和制作日期"文本框设置"陀螺旋"动画效果。接着给第 2 张幻灯片的文字和图片设置动画效果。

（3）按照同样方法，给第 3~9 张幻灯片中的文字和图片设置动画效果。

（4）在第 9 张幻灯片之后插入一张主题为"空白"的新幻灯片，向这个幻灯片中添加这篇文章的朗读文件，在播放该幻灯片时将自动播放该声音文件，帮助学生熟读该文章，如图 5-32 所示。然后向第 10 张幻灯片中插入视频文件——"乌鸦喝水.wmv"，单击"视频工具"→"播放"→"视频选项"→"开始"按钮，将该视频文件的播放条件设置为"单击时"，如图 5-33 所示，以帮助学生掌握和理解该故事的寓意。

第 5 章　PowerPoint 2010 演示文稿软件

图 5-31　给艺术字添加动画效果

图 5-32　插入声音和视频文件

图 5-33　设置视频文件的播放条件

实训 3　制作"新车上市推广活动方案"

【实训目标】

推广活动方案是进入职场很可能会接触到的工作,需要对自己的方案进行介绍时,必须设置好 PowerPoint 2010 的展示技巧,保证自己能在所规定的时间内有效完成方案介绍,本实训将对演示文稿的放映打包和排练时间进行练习。

【实训要求】

实训最终完成效果如图 5-34 所示。

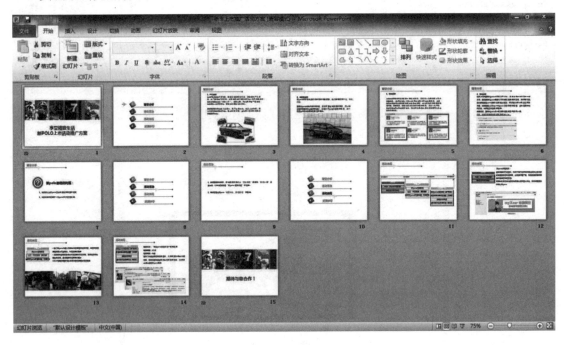

图 5-34　实训 3 完成效果图

【实训步骤】

1. 新建"新车上市推广活动方案"演示文稿

(1) 启动 PowerPoint 2010,新建一个演示文稿并将其命名为"新车上市推广活动方案"。添加一张空白幻灯片,选择一张事先准备好的图片作为该幻灯片的背景,然后向该幻灯片中添加标题。效果如图 5-35 所示。

(2) 添加第 2 张幻灯片,然后输入内容:"背景分析""活动思路""活动流程""资源推荐",再向该幻灯片中插入一个"箭头"形状,并设置箭头和文字的颜色。效果如图 5-36 所示。

图 5-35　第 1 张幻灯片效果　　　　　图 5-36　第 2 张幻灯片效果

（3）插入第 3 张幻灯片，设置该幻灯片的标题为"背景分析"并输入相关内容，然后设置文字的颜色，效果如图 5-37 所示。插入第 4 张幻灯片，按照设置第 3 张幻灯片的方法设置第 4 张幻灯片，效果如图 5-38 所示。

图 5-37　第 3 张幻灯片效果　　　　　图 5-38　第 4 张幻灯片效果

（4）插入第 5~13 张幻灯片，分别设置其背景、标题，插入图片并输入相关内容，根据需要设置文字的颜色。效果如图 5-39~图 5-48 所示。

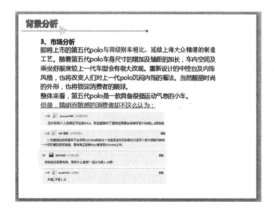

图 5-39　第 5 张幻灯片效果　　　　　图 5-40　第 6 张幻灯片效果

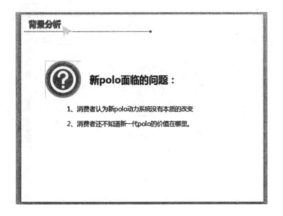

图 5-41　第 7 张幻灯片效果

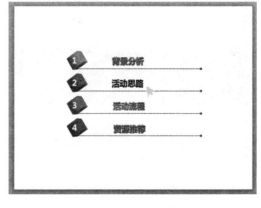

图 5-42　第 8 张幻灯片效果

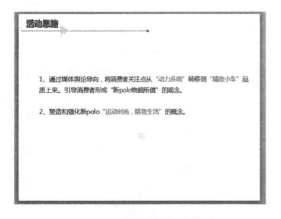

图 5-43　第 9 张幻灯片效果

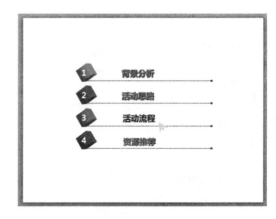

图 5-44　第 10 张幻灯片效果

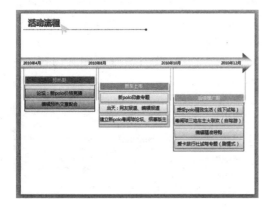

图 5-45　第 11 张幻灯片效果

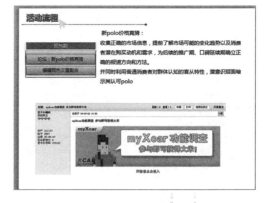

图 5-46　第 12 张幻灯片效果

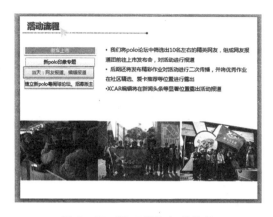

图 5 – 47　第 13 张幻灯片效果

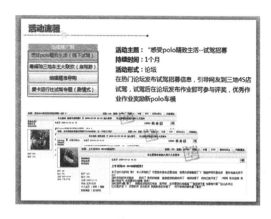

图 5 – 48　第 14 张幻灯片效果

（5）插入第 15 张幻灯片，插入图片并将其设置为背景，插入文本框，输入文字"期待与您合作！"。效果如图 5 – 49 所示。

图 5 – 49　第 15 张幻灯片效果

2. 打包演示文稿

（1）打开"新车上市推广活动方案"演示文稿。单击"文件"→"保存并发送"→"将演示文稿打包成 CD"命令，如图 5 – 50 所示，弹出"打包成 CD"对话框，如图 5 – 51 所示。

（2）如果还想将其他文件也添加到打包的文件夹中，可以单击"打包成 CD"对话框中的"添加"按钮，在弹出"添加文件"对话框中选择想要添加的文件，然后单击"添加"按钮会返回"打包成 CD"对话框，中间的列表中会显示刚刚添加的文件，如图 5 – 52 所示。如果不想要某个文件，可以单击"删除"按钮删掉。

图 5-50　启动打包成 CD 功能

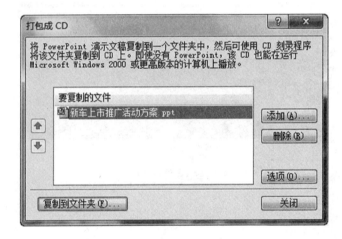

图 5-51　"打包成 CD"对话框

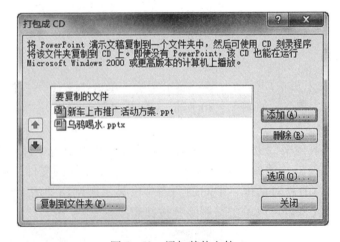

图 5-52　添加其他文件

(3) 如果想嵌入"TrueType"造字程序，或者想要对该演示文稿打开和编辑时设置密码，可以单击"打包成 CD"对话框中的"选项"按钮，弹出"选项"对话框，选中"嵌入的 TrueType 字体"复选框，在"打开每个演示文稿时所用密码"和"修改每个演示文稿时所用密码"文本框中输入密码，如图 5-53 所示。单击"确定"按钮后，会弹出"确认密码"对话框，输入刚才设置的密码，如图 5-54 所示，单击"确定"按钮。

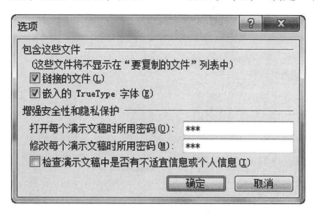

图 5-53　设置演示文稿密码

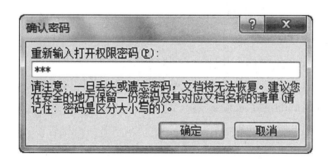

图 5-54　确认密码

(4) 单击"打包成 CD"对话框中的"复制到文件夹"按钮，弹出"复制到文件夹"对话框，在"文件夹名称"文本框中输入打包后的文件夹名称，在"位置"文本框中输入打包文件的存储位置，如图 5-55 所示。如果想修改保存打包文件的位置，也可以单击"浏览"按钮，在弹出的"选择位置"对话框中选择保存打包文件的位置，如图 5-56 所示。

图 5-55　设置演示文稿密码

图 5-56 设置打包文件的存储位置

(5) 所有的设置都完成之后,单击"复制到文件夹"对话框的"确定"按钮,系统将自行进行打包,完成后单击"打包成 CD"对话框中的"关闭"按钮,就可以进入打包文件所存储的位置查看打包后的演示文稿。

3. 放映打包幻灯片

将演示文稿打包后,可以使用移动硬盘、U 盘或其他存储工具将其转移到其他电脑上进行放映。在放映之前需要对其进行解包操作。

(1) 进入刚刚存储打包文件的文件夹,双击打包文件,弹出图 5-57 所示的"密码"对话框,输入之前设置的密码,然后单击"确定"按钮。

图 5-57 输入打开打包的演示文稿的密码

(2) 再次弹出提示输入密码的对话框,在"密码"文本框中输入密码,单击"确定"按钮,即可打开并可以修改该演示文稿,如图 5-58 所示。

(3) 单击"幻灯片放映"→"设置"→"排练计时"按钮(图 5-59),在幻灯片左上角会出现一个"录制"工具栏并开始计时,如图 5-60 所示。

图 5-58　输入打开打包的演示文稿的密码

图 5-59　启用排练计时功能

图 5-60　"录制"工具栏

（4）单击"录制"工具栏中的"下一项"按钮进行手动放映切换到下一张幻灯片，放映结束后会弹出一个提示信息框，提示排练计时的时间，并询问是否保存幻灯片的排练时间，如图 5-61 所示。

图 5-61　提示保存排练计时的对话框

（5）单击"是"按钮，PowerPoint 会自动切换到"幻灯片浏览"视图中，并在各个幻灯片的左下角显示放映幻灯片需要的时间，如图 5-62 所示。

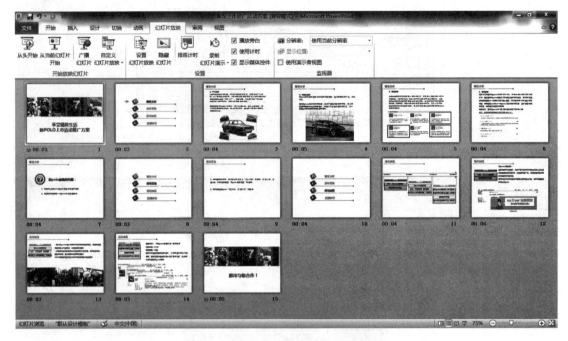

图 5-62 带播放时间的幻灯片浏览视图

第 6 章

计算机网络基础

实训 1　建立新连接

【实训目标】

了解并掌握建立新连接和使用连接的方法。

【实训要求】

（1）在控制面板中建立新连接。
（2）为新建立的连接创建快捷方式并放到桌面上。

【实训步骤】

1. 创建新的连接

（1）为了建立拨号连接，打开控制面板，如图 6-1 所示。

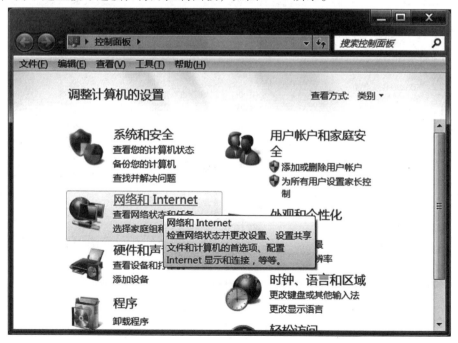

图 6-1　控制面板

(2) 单击"网络和 Internet"链接,打开图 6-2 所示的窗口。

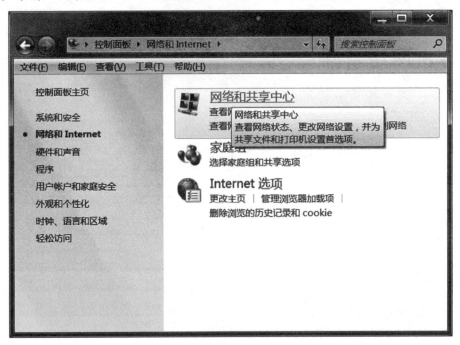

图 6-2 "网络和 Internet"窗口

(3) 单击"网络和共享中心"链接,弹出图 6-3 所示的窗口。

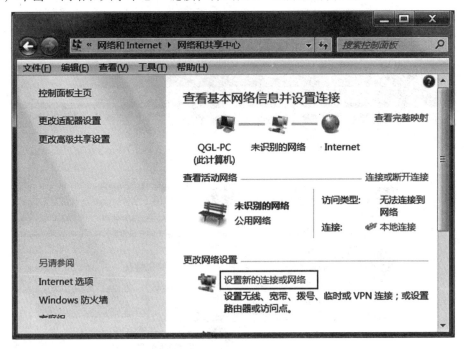

图 6-3 "网络和共享中心"窗口

(4) 单击"设置新的连接或网络"链接,弹出图 6-4 所示的"设置连接或网络"窗口。

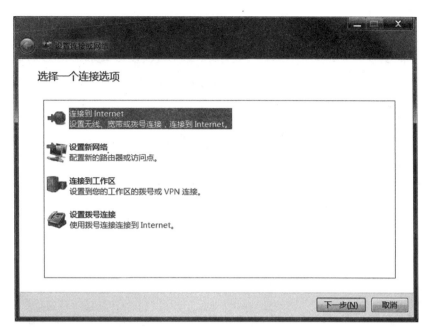

图 6-4 "设置连接或网络"窗口

(5) 选中最上面的"连接到 Internet",然后单击"下一步"按钮。
(6) 窗口切换成如图 6-5 所示,单击"宽带(PPPoE)(R)"。

图 6-5 "连接到 Internet"对话框

(7) 打开如图 6-6 所示的窗口,在"用户名"文本框后输入电信提供的用户名,然后在下面"密码"文本框中输入密码(输入时系统显示黑点),选中"记住此密码"和"允许其他人使用此连接"两个复选框。

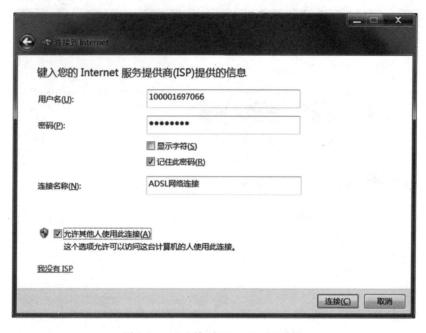

图 6-6 "连接到 Internet" 对话框

（8）单击"连接"按钮，打开如图 6-7 所示窗口，稍后连接成功，如图 6-8 所示，显示"您已经连接到 Internet"。

图 6-7 正在连接

（9）连接成功后，可以单击图 6-8 上的"关闭"按钮，也可以单击"立即浏览 Internet"开始启动 IE 浏览器上网。

图 6-8　连接成功

2. 把创建的新连接放在桌面上

Windows 7 在建立了网络连接以后，并不直接把创建的连接放置到桌面上，每次都需要经过控制面板层层打开才能使用。本实训是为了以后方便使用连接，把刚建立的"ADSL 连接"快捷方式（图标）放置在桌面上。

操作步骤如下：

（1）首先打开"控制面板"，单击"网络和 Internet"链接，再单击"网络和共享中心"，打开如图 6-9 所示的窗口。

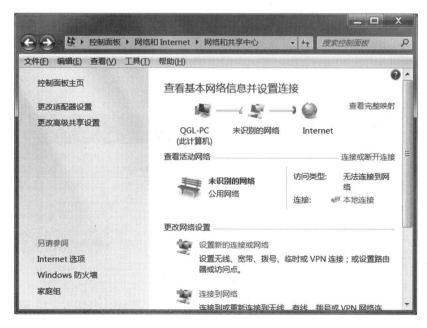

图 6-9　"网络和共享中心"窗口

（2）单击窗口左上边的"更改适配器设置"链接，打开如图 6-10 所示的窗口，在刚建立的"ADSL 网络连接"图标上右击，在弹出的快捷菜单中选择"创建快捷方式"命令，如图 6-10 所示。

图 6-10 创建快捷方式菜单

（3）系统弹出如图 6-11 所示的信息框，询问"要把快捷方式放在桌面上吗？"，单击"是"按钮后切换到桌面，即可在桌面上看到一个"ADSL 网络连接 - 快捷方式"图标，以后只要在桌面双击这个图标即可进行网络连接或断开连接。

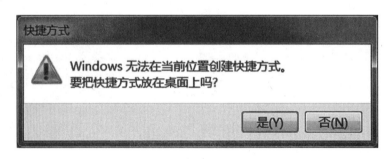

图 6-11 "快捷方式"信息框

（4）双击桌面的"ADSL 网络连接 - 快捷方式"图标，打开如图 6-12 所示的"连接 ADSL 网络连接"对话框。

图 6-12 "连接 ADSL 网络连接"对话框

（5）单击"连接"按钮，稍后看到如图 6-13 所示的"正在连接到 ADSL 网络连接"信息框，当连接成功后，信息框自动消失。如果连接成功，可以开始使用网络；如果不成功，可以多次尝试连接；若依然不成功，则需要检查硬件设备和线路连接是否正常稳定。

（6）上网结束后要断开连接，可以直接关闭 ADSL 设备上的电源，也可以再次双击桌面的"ADSL 网络连接－快捷方式"图标，弹出图 6-14 所示的对话框，单击"断开"按钮，稍后对话框消失。

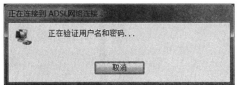

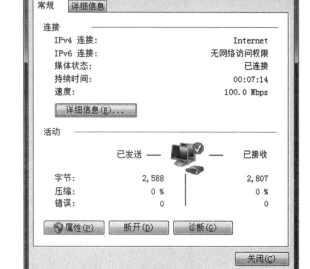

图 6-13 "正在连接到 ADSL 网络连接"信息框　　图 6-14 "ADSL 网络连接状态"对话框

实训 2　使用互联网

【实训目标】

互联网的使用日益广泛,人们的日常生活已经很难离开网络,但如何更有效地使用互联网,将是本实训的重点内容,使用浏览器浏览网上的信息及对浏览器进行设置,在网上查找所需的信息并保存,熟练掌握电子信箱和订阅使用 RSS 源将为读者的网络生活开启基础教育。

【实训要求】

(1) 设置 IE 浏览器的主页并使用 IE 浏览器浏览网页。
(2) 用 IE 浏览器和搜索引擎搜索关于"三维立体画"的相关信息。
(3) 将网址保存到收藏夹中,删除收藏夹中的网址,清除过去访问网页的历史记录。
(4) 注册一个免费的电子邮箱,用 Web 方式收发邮件。
(5) 订阅一个 RSS 源,阅读该 RSS 源更新的文章。

【实训步骤】

1. 使用 IE 浏览器漫游 Internet

(1) 连接到 Internet。

(2) 单击任务栏左边快速启动工具栏上的 按钮启动 IE 浏览器,由于此时没有设置浏览器的主页,打开的 IE 窗口内容为空,地址栏显示为"about:blank"。

(3) 单击 IE 窗口菜单上的"工具"→"Internet 选项"命令,如图 6-15 所示。

图 6-15　IE 窗口的菜单命令

(4) 系统弹出"Internet 选项"对话框,在"常规"选项卡上单击"主页"选项区域中的"地址"文本框,删除原来的文字,然后输入新浪网址"www.sina.com",如图 6-16 所示。

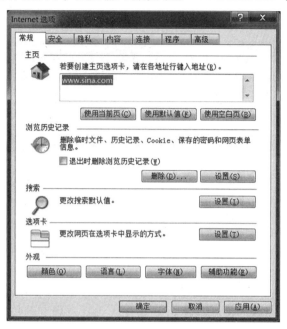

图 6-16 "Internet 选项"对话框

(5) 单击"确定"按钮关闭对话框。
(6) 单击 IE 窗口工具栏上的"主页"按钮,稍后系统显示如图 6-17 所示的新浪首页。

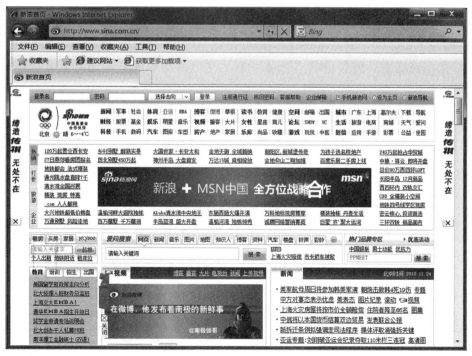

图 6-17 新浪网主页

计算机应用基础实训指导与习题集

(7) 观察 IE 浏览器上的文章标题,找到自己喜欢的文章,然后将鼠标指针指向该行文字,当鼠标指针成为一个小手形状 时,表示这里是一个链接,单击该链接即可打开了该文章所在的新网页窗口,如图 6-18 所示。

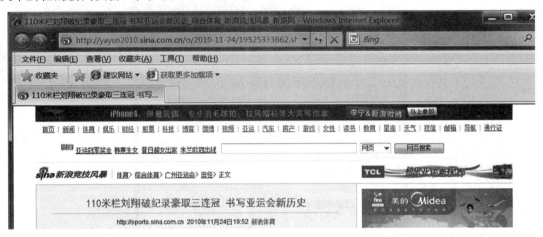

图 6-18 新打开的网页窗口

(8) 此时可以根据自己的喜好,在 IE 窗口中单击任意想看的超链接的标题文字,可打开多个窗口浏览网页中的内容。

(9) 浏览网页内容结束后,关闭所有窗口,断开网络即可。

2. 网上搜索与下载

(1) 连接到 Internet 并启动 IE 浏览器。

(2) 在地址栏输入"http://www.baidu.com",然后按 Enter 键,打开常用的中文搜索引擎——百度主页。

(3) 先在百度主页窗口中的"百度一下"左边的文本框中输入"三维立体画",如图 6-19 所示。

图 6-19 在百度中搜索"三维立体画"

(4) 注意文本框上方的一组文字,目前搜索的是"网页",然后单击"百度一下"按钮,稍后弹出搜索到的"三维立体画"的全部网页标题链接,如图 6-20 所示。

图 6-20　搜索到有"三维立体画"的网址

(5) 把鼠标指针指向某个链接的标题,单击即可再打开一个新的窗口。

(6) 看过三维立体画的一些网页信息后,若要欣赏立体画的图片,在图 6-20 所示的窗口中先单击有"三维立体画"字样的文本框上方的"图片",再单击"百度一下"按钮,即可看到搜索到的图片,如图 6-21 所示。

图 6-21　搜索到的图片

(7) 单击想看的一张图片，即可在如图6-22所示窗口中欣赏。

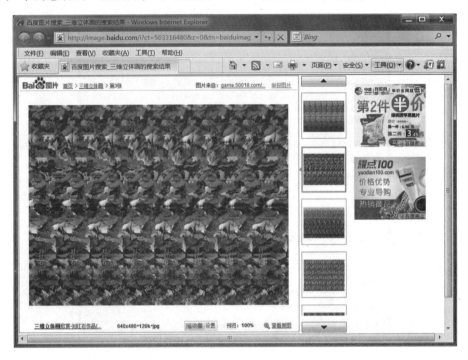

图6-22　打开含有"三维立体画"的网页

(8) 如果想看到本图片在网页中的出处，单击图片上方图片来自：game.50018.com/...的文字链接，即可打开这张图片所在的网页窗口，如图6-23所示。

图6-23　图片在网络中的原始网页

技巧：利用 IE 浏览器单击各个超链接，可以任意浏览网上的新闻、文章等。在操作过程中，如果浏览过的页面上还有其他超链接，可以继续单击打开新的网页。

有时单击了某个超链接后窗口的内容自动更新了，看过新的网页内容后，单击工具栏上的"后退"按钮，可以再浏览前面的内容，或利用前面的网页上的超链接查看其他感兴趣的网页。

3. 管理收藏夹和历史记录

（1）打开 IE 浏览器窗口，在地址栏输入要收藏网站的网址 http://bbs.21manager.com，然后按 Enter 键，即打开了该网站。

（2）单击"收藏夹"按钮展开收藏夹，如图 6-24 所示，单击"添加到收藏夹…"按钮。

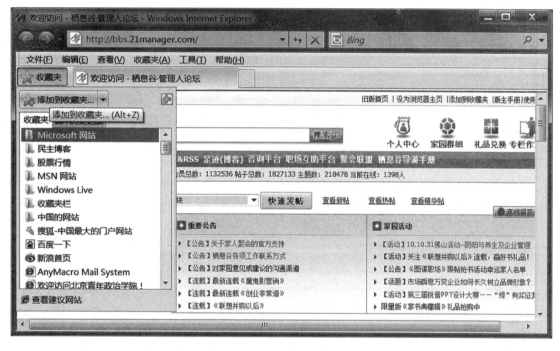

图 6-24　要收藏的网页窗口

（3）弹出图 6-25 所示的"添加收藏"对话框，可以在"创建位置"下拉列表框中选择要收藏到的位置，然后单击"添加"按钮，即可将打开的网站（或网页）放置到收藏夹里。

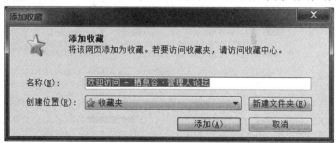

图 6-25　"添加收藏"对话框

(4) 要删除收藏夹中不需要保留的网址,在 IE 浏览器窗口中单击"收藏夹"按钮,找到并在要删除的网址图标上右击,在弹出的快捷菜单中选择"删除"命令。图 6-26 所示是删除"搜狐"的快捷菜单。

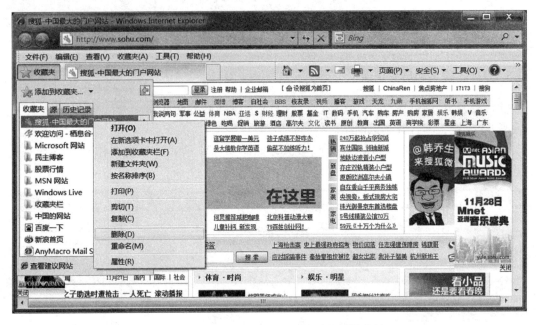

图 6-26 将"搜狐首页"删除时的快捷菜单

(5) 要将收藏夹中的网址分别整理到若干个子收藏夹中,首先单击"收藏夹"按钮,然后单击"添加到收藏夹"右边的下拉按钮(见图 6-27),选择"整理收藏夹"命令,打开如图 6-28 所示的"整理收藏夹"对话框。

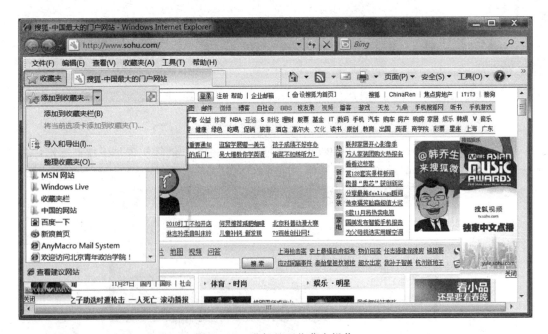

图 6-27 进行整理收藏夹操作

图 6-28 "整理收藏夹"对话框

(6) 在"整理收藏夹"对话框上面的列表框中单击一个要删除的网址,再根据需要单击对应按钮,然后参照管理计算机中文件和文件夹的操作方法,即可将网址移动到新文件夹中,还可以删除、重命名或者建立新的子收藏夹,将网址重新整理到对应的新建收藏夹中(详细操作略)。

(7) 为了删除历史记录中的所有系统自动保存的网址,在浏览器窗口中选择"工具"→"Internet 选项"命令,打开如图 6-29 所示的"Internet 选项"对话框。

图 6-29 "Internet 选项"对话框

(8) 在"常规"选项卡中选中"浏览历史记录"选项区域的"退出时删除浏览历史记录"复选框,然后单击"应用"按钮。

(9) 此时"退出时删除浏览历史记录"复选框处于选定状态,如果再单击"确定"按钮,将会使以后每次浏览后都会删除历史记录;若想以后还保持历史记录,应取消该复选框的选中状态,然后再单击"确定"按钮。

4. 注册免费电子邮箱

(1) 启动 IE 浏览器,在地址栏输入新浪首页网址 www.sina.com 后按 Enter 键,打开新浪主页窗口。

(2) 在新浪首页上方单击"注册通行证"链接,如图 6-30 所示,弹出注册网页窗口。

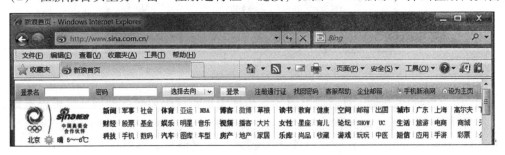

图 6-30　单击"注册通行证"链接

(3) 按照网页上的提示,输入自己想好的用户名、密码等信息,并按照屏幕上的提示输入自己个人的相关信息,选中"我已经看过并同意"复选框,然后单击"提交"按钮。图 6-31 所示是一个注册窗口的上下两部分内容。

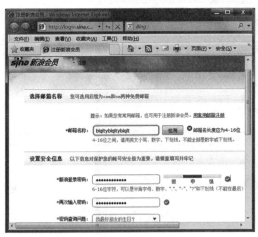

图 6-31　注册窗口

一般情况下,系统会反馈注册成功的提示信息。有的时候因为系统忙,可能暂时不能注册成功,这时可以重新注册,或者到其他网站注册免费邮箱。

5. Web 方式收发电子邮件

(1) 打开图 6-30 所示新浪主页窗口,在　　　　　　的用户名、密码文本框中输入相应信息。

(2) 单击"登录"按钮,弹出"新浪邮箱"网页窗口,单击左边窗格中的"收件夹",可以看到右边出现所有未读邮件,如图 6 – 32 所示。

图 6 – 32 "新浪邮箱"网页窗口

(3) 单击最上面主题为"说课资料"的邮件,可以看到邮件正文,向下拖动滚动条可以看到其中有附件。

(4) 右击要下载的附件"说课.rar",在弹出的快捷菜单中选择"目标另存为"命令,如图 6 – 33 所示。

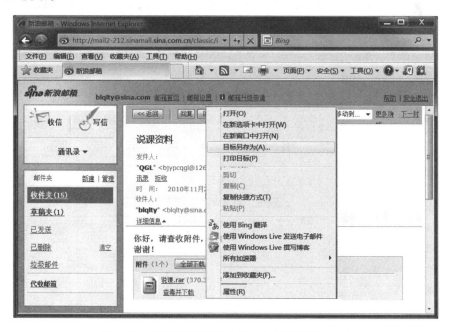

图 6 – 33 选择快捷菜单中的"目标另存为"命令

(5) 弹出"另存为"对话框,如图 6-34 所示,指定到要保存的磁盘、文件夹后单击"保存"按钮即可开始下载。

图 6-34 "另存为"对话框

(6) 要回复该电子邮件,单击邮件列表中上方的"回复"按钮,切换到写新邮件的窗口,并且"收件人"文本框中自动出现了发件人的邮箱地址,在下面填写邮件主题、输入邮件正文,如图 6-35 所示。

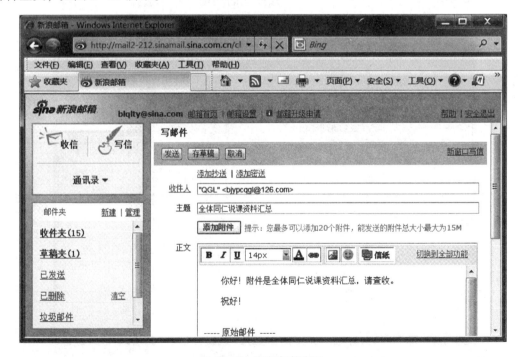

图 6-35 回复邮件窗口

(7) 单击"添加附件"按钮,弹出图 6-36 所示的"选择要加载的文件"对话框,在其中选择要发送的文件"全体同仁说课资料汇总.rar",然后单击"打开"按钮。

图 6-36 "选择要加载的文件"对话框

(8) 单击上端的"发送"按钮,出现发送邮件进度信息,稍候显示发送成功。

6. 订阅和使用 RSS 源

(1) 首先打开一个网名为"佛罗里达的阳光"的搜狐博客的首页(可借助百度等进行搜索找到博客主页)。

(2) 如图 6-37 所示,选择菜单栏上的"查看"→"工具栏"命令,观察右边的"命令

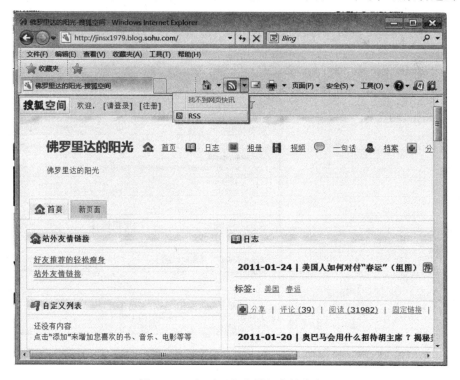

图 6-37 打开"命令栏"菜单命令

栏"命令左边是否出现一个✓,如果没有,则单击"命令栏"命令使窗口出现"命令栏"工具栏。在工具栏上可看到窗口上出现"源 RSS"按钮。

(3) 观察"RSS 源"按钮是否为彩色的。此时显示为彩色按钮,单击,切换成图 6-38 所示的窗口。

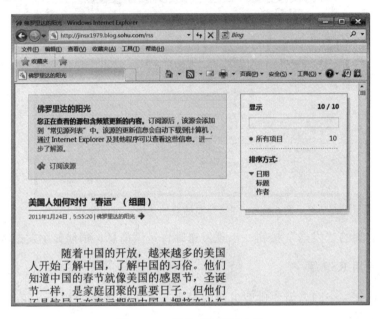

图 6-38 显示"订阅该源"

(4) 单击窗口左上方的"订阅该源"链接,弹出图 6-39 所示的"订阅该源"对话框。

(5) 单击"订阅"按钮,打开如图 6-40 所示窗口,上方显示"您已成功订阅此源!"的提示信息。

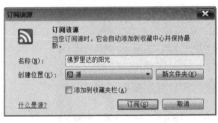

图 6-39 "订阅该源"对话框

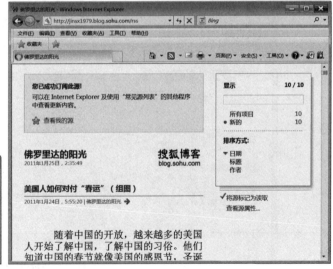

图 6-40 显示"您已成功订阅此源!"

(6) 为了使用 RSS 源,单击菜单栏下的"收藏夹"按钮,再单击展开的收藏夹下的

"源",即可看到已经收藏的"源"中出现了"佛罗里达的阳光",再将鼠标移动到收藏的"佛罗里达的阳光"处,可以看到显示有"佛罗里达的阳光(10个新的)……",如图6-41所示。

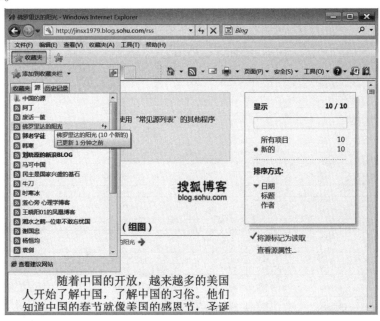

图6-41 查看收藏夹下"源"

(7) 单击"源"下收藏的源"佛罗里达的阳光",窗口切换到可以同时看到前面提到的更新的博客文章。

(8) 如果要让系统把所有收藏的源都主动查找更新情况,右击图6-42中的任意一

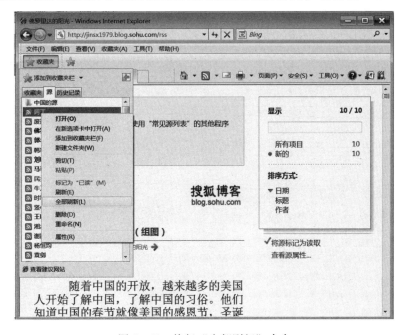

图6-42 执行"全部刷新"命令

个收藏的源，然后单击弹出的快捷菜单中的"全部刷新"命令，看到一些"源"文字变成加粗字体，即可知道该源被更新后还未查看过该网页，此时可单击该源看到最新的页面。

　　看过更新的页面后，再次返回图 6–41 查看源，即可发现已经查看过更新的源的文字不再是加粗字体了。

第 7 章

常用工具软件

实训 1　WinRAR

【实训目标】

掌握文件压缩工具软件 WinRAR 的安装方法,并能利用文件压缩工具软件 WinRAR 对文件进行压缩和解压缩。

【实训要求】

(1) 安装文件压缩工具软件 WinRAR。
(2) 用快捷方式创建压缩包。
(3) 对压缩选项进行设置。
(4) 在压缩包中添加或删除文件。
(5) 对压缩包解压缩。

【实训步骤】

1. 安装 WinRAR

在某个提供软件下载服务的网站上或指导老师指定的位置下载文件压缩工具软件 WinRAR。下载后安装至本地计算机中的步骤如下:

(1) 运行安装文件 WinRAR.exe,进入安装界面,如图 7-1 所示。在其中的"目标文件夹"文本框中提供安装路径设置,可单击"浏览"进行修改,然后单击"安装"按钮开始安装。

(2) 复制文件结束后,进入设置界面,如图 7-2 所示。单击"全部选择"按钮,令"WinRAR"兼容所有常见的压缩文件格式。

图 7-1　WinRAR 安装界面

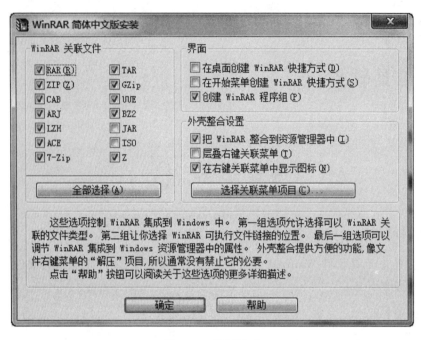

图 7-2 设置界面

（3）单击"确定"按钮，显示完成安装对话框，如图 7-3 所示。

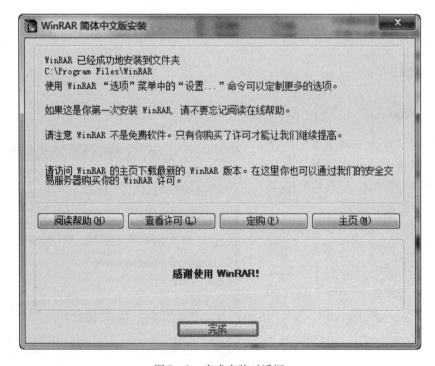

图 7-3 完成安装对话框

（4）单击"完成"按钮完成安装。

2. 创建压缩包

(1) 选定待压缩的一个或多个文件或文件夹，右击，弹出快捷菜单，如图7-4所示。

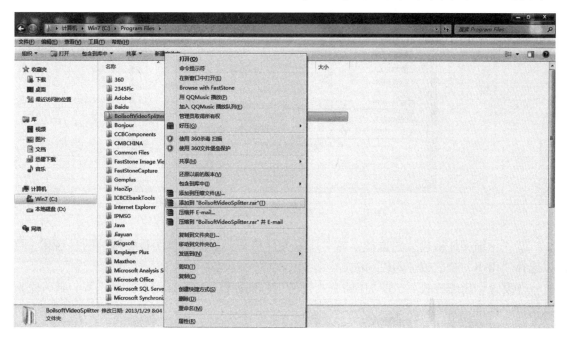

图7-4 选择文件进行压缩

(2) 在快捷菜单中单击"添加到×××.rar"命令，程序将按默认方式直接生成压缩文件包，如图7-5所示。

图7-5 生成压缩文件包

3. 设置压缩选项

在如图7-4所示的快捷菜单中单击"添加到压缩文件"命令，打开"压缩文件名和参数"对话框，如图7-6所示。在"常规"选项卡中进行压缩选项的设置。

各压缩选项功能说明如下：

① "压缩文件名"的设置：可单击"浏览"按钮进行更改。

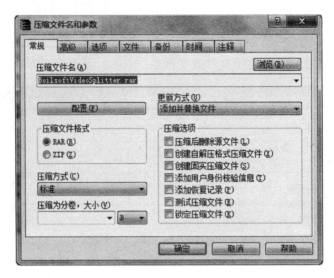

图7-6 "压缩文件名和参数"对话框

②"压缩文件格式"的选择:在"压缩文件格式"栏中提供了最常用的两种格式,可以选择"RAR"格式或"ZIP"格式。

③设置"压缩方式":在"压缩方式"的下拉列表框中进行压缩方式的选择,通常选取默认值"标准"即可。

④设置"压缩为分卷,大小":在"压缩为分卷,大小"的下拉列表框中选择"卷"的大小。如果不清楚存储介质的容量大小,可在列表中选择"自动检测"。

⑤设置"更新方式":主要用于向已有的压缩文件中添加新的文件,或对已有的压缩文件进行更新。

⑥设置"压缩选项":可根据实际情况在"压缩选项"的复选框中进行选择。

⑦设置密码:在如图7-6所示的"压缩文件名和参数"对话框"高级"选项卡中,单击"设置密码"按钮,打开"带密码压缩"对话框,如图7-7所示,进行密码的设定。

图7-7 "带密码压缩"对话框

4. 向压缩包中添加或删除文件

（1）添加文件：可在"资源管理器"中用鼠标拖动进行添加，也可在 WinRAR 窗口中进行添加。双击压缩包打开 WinRAR 窗口，如图 7-8 所示。单击工具栏中的"添加"按钮，打开"选择添加文件"对话框，选择要添加的文件后单击"确定"按钮。

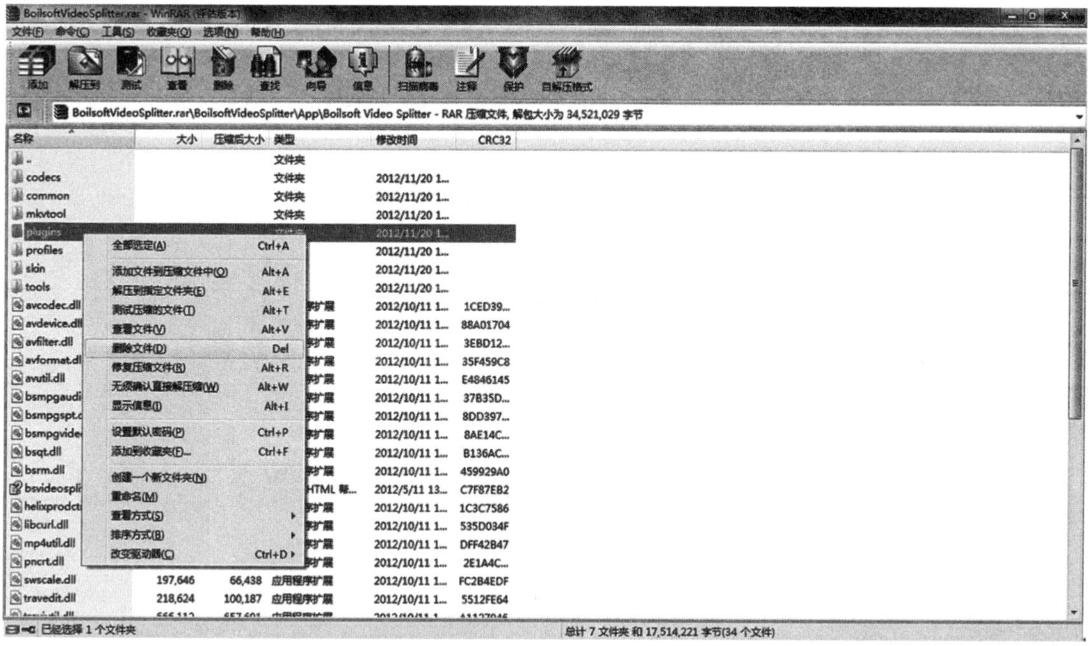

图 7-8 WinRAR 窗口

（2）删除文件：删除压缩包中的文件只能在 WinRAR 窗口中进行。双击压缩包文件，打开 WinRAR 窗口，选择需删除的文件，单击工具栏中的"删除"按钮即可。

5. 解压缩文件

（1）在 WinRAR 窗口解压缩：双击需解压的压缩包文件，打开 WinRAR 窗口，单击工具栏中的"解压到"按钮，打开"解压路径和选项"对话框，如图 7-9 所示。在"目标路径"文本框中直接输入文件解压后的存放位置，也可在对话框右边的树形结构中选择存放位置。单击"确定"按钮完成解压缩操作。

（2）使用快捷方式解压缩文件：右击压缩包文件，弹出快捷菜单，如图 7-10 所示。在快捷菜单

图 7-9 "解压路径和选项"对话框

中有3个解压命令："解压文件""解压到当前文件夹""解压到××××",可根据需要进行选择。

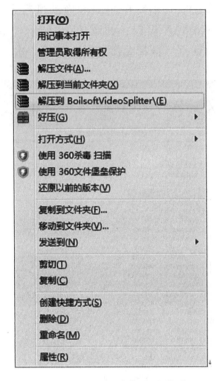

图7-10 解压命令快捷菜单

实训2 虚拟光驱

【实训目标】

虚拟光驱在我们平时工作中有很多时候都会用到,因此通过本实训对镜像文件、虚拟光驱软件的作用和使用方法都会有个大致了解。

【实训要求】

(1) 启动 Alcohol 120%。
(2) 加载镜像文件。
(3) 卸载镜像文件。

【实训步骤】

(1) 运行虚拟光驱软件"Alcohol 120%"的安装程序,安装"Alcohol 120%"。
(2) 安装完"Alcohol 120%"后打开"计算机",会发现多了个光驱,这就是虚拟光驱。单击"开始"→"所有程序"→"Alcohol 120%",如图7-11所示。

第 7 章 常用工具软件

图 7-11 "所有程序"菜单中的"Alcohol 120%"程序

(3) 运行"Alcohol 120%",打开其窗口界面,如图 7-12 所示。

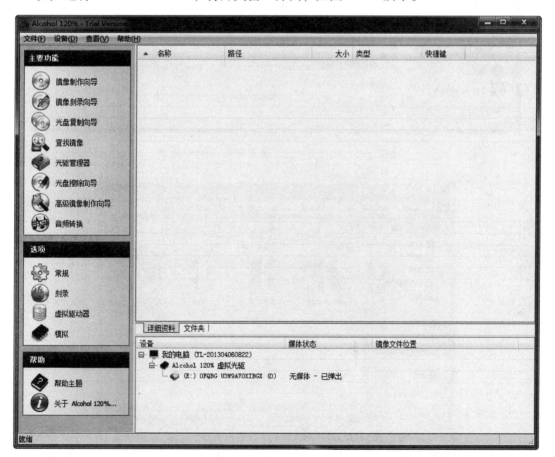

图 7-12 "Alcohol 120%"的界面

（4）在"Alcohol 120%"中载入镜像文件。在"Alcohol 120%"窗口的"设备"区中右击虚拟光驱，如图7-13所示，单击快捷菜单的"加载镜像"命令，弹出"打开"对话框，如图7-14所示，选中需要载入到虚拟光驱中的镜像文件，然后单击"打开"按钮。

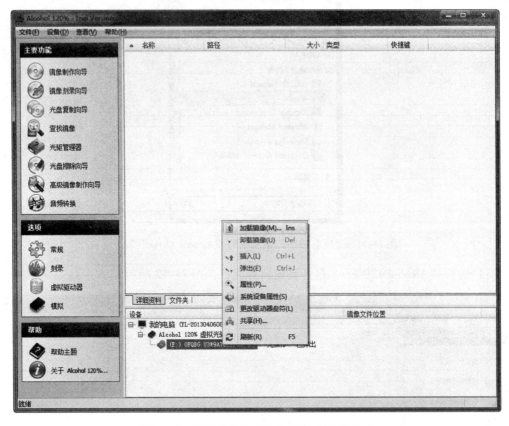

图7-13　快捷菜单的"加载镜像（M)"命令

图7-14　"打开"对话框

(5) 载入镜像文件后,列表中就会出现这个镜像文件的名字,下面的虚拟光驱中就会出现这个镜像文件的信息,如图 7-15 所示。

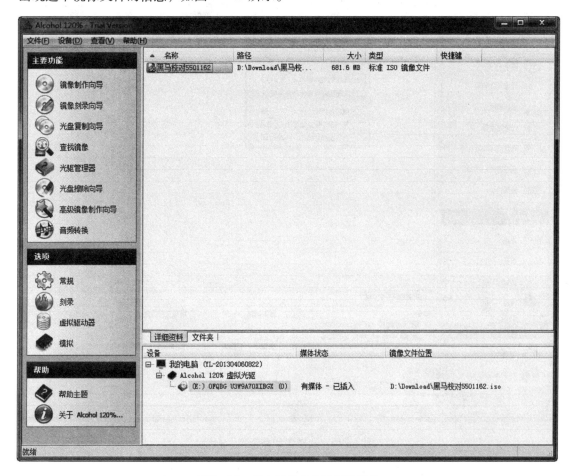

图 7-15 载入镜像文件后窗口信息

(6) 载入后使用虚拟光驱就和把数据光盘放在计算机的光驱里面一样了。

(7) 由于一个虚拟光驱只能载入一个镜像文件,因此使用完镜像文件后还需要把它从虚拟光驱中卸载。在已经载入的镜像文件上右击,弹出图 7-16 所示的快捷菜单,选择"卸载镜像"命令即可。

相关知识:

1. 虚拟光驱软件"Alcohol 120%"

虚拟光驱软件"Alcohol 120%"具备光盘刻录+虚拟光盘+整合了多种镜像文件格式支持(MDS、CCD、CUE、BWT、ISO 和 CDI)和镜像文件光盘刻录功能,它是一套结合光盘虚拟和刻录工具的软件。相对来说,"Alcohol 120%"为用户在光盘镜像刻录和虚拟之间的应用提供了一个比较完整的解决方案,它不仅能完整地模拟原始光盘,支持直接读取及刻录各种光盘镜像文件,其光驱模拟功能可直接读取和运行光盘内的文件与程序,比如支持 AudioCD、VideoCD、PhotoCD、Mixed Mode CD、CD Extra、Data CD、CD+G、DVD(Data)、DVD-Video 多种类型的光盘,比实际光驱的功能更加强大。

图 7-16 选择"卸载镜像"命令

虚拟光驱软件"Alcohol 120%"的安装和其他软件的安装方法是一样的，只要运行它的安装程序，并按照提示步骤一步一步执行就能很方便地安装成功。

2. 镜像文件

镜像文件其实就是一个独立的文件，和其他文件不同，它是由多个文件通过刻录软件或者镜像文件制作工具制作而成的。镜像文件其实和 ZIP 压缩包类似，它将特定的一系列文件按照一定的格式制作成单一的文件，以方便用户使用或下载，例如一个测试版的操作系统、游戏等。镜像文件不仅具有 ZIP 压缩包的"合成"功能，其最重要的特点是可以被特定的软件识别并可直接刻录到光盘上。

镜像文件的应用范围比较广泛，最常见的应用就是数据备份（如软盘和光盘）。随着宽带网的普及，有些下载网站也有了 ISO 格式的文件下载，方便了软件光盘的制作与传递。常见的镜像文件格式有 ISO、BIN、IMG、TAO、DAO、CIF、FCD。

第二部分
习 题

第1章

计算机基础知识

一、单项选择题

1. 天气预报能为我们的生活提供良好的帮助,它应该属于计算机的( )应用。
 A. 科学计算　　　　B. 信息处理　　　　C. 过程控制　　　　D. 人工智能
2. 计算机之所以能按人们的意图自动进行工作,最直接的原因是采用了( )。
 A. 二进制　　　　B. 高速电子元件　　　　C. 程序设计语言　　　　D. 存储程序控制
3. 现代电子计算机使用的逻辑部件是( )。
 A. 集成电路　　　　B. 大规模集成电路　　　　C. 晶体管　　　　D. 电子管
4. 从2001年开始,我国自主研发通用CPU芯片,其中第一款通用的CPU是( )。
 A. 龙芯　　　　B. AMD　　　　C. Intel　　　　D. 酷睿
5. 1946年诞生的世界上公认的第一台电子计算机是( )。
 A. UNIVAC-I　　　　B. EDVAC　　　　C. ENIAC　　　　D. IBM650
6. 所谓裸机,是指( )。
 A. 单片机
 B. 单板机
 C. 只装备操作系统的计算机
 D. 不装备任何软件的计算机
7. 科学计算的特点是( )。
 A. 计算量大,数据范围广
 B. 数据输入、输出量大
 C. 计算相对简单
 D. 具有良好的实时性和高可靠性
8. 按照电子计算机传统的分代方法,第一代至第四代计算机依次是( )。
 A. 机械计算机、电子管计算机、晶体管计算机、集成电路计算机
 B. 晶体管计算机、集成电路计算机、大规模集成电路计算机、光器件计算机
 C. 电子管计算机、晶体管计算机、小中规模集成电路计算机、大规模和超大规模集成电路计算机
 D. 手摇机械计算机、电动机械计算机、电子管计算机、晶体管计算机
9. 办公自动化(OA)是计算机的一大应用领域,按计算机应用的分类,它属于( )。
 A. 科学计算　　　　B. 辅助设计　　　　C. 过程控制　　　　D. 信息处理
10. 目前各部门广泛使用的人事档案管理、财务管理等软件,按计算机应用分类,应属于( )。
 A. 过程控制　　　　B. 科学计算　　　　C. 计算机辅助工程　　　　D. 信息处理
11. 完整的计算机硬件系统一般包括外部设备和( )。
 A. 运算器和控制器　　　　B. 存储器　　　　C. 主机　　　　D. 中央处理器

12. 组成微型计算机的基本硬件的五个部分是（　　）。
　　A. 外设、CPU、寄存器、主机、总线
　　B. CPU、内存、外存、键盘、打印机
　　C. 运算器、控制器、存储器、输入设备、输出设备
　　D. 运算器、控制器、主机、输入设备、输出设备
13. 微型计算机中，控制器的基本功能是（　　）。
　　A. 进行算术运算和逻辑运算　　　　B. 存储各种控制信息
　　C. 保持各种控制状态　　　　　　　D. 控制机器各个部件协调一致地工作
14. 运算器的主要功能是（　　）。
　　A. 实现算术运算和逻辑运算　　　　B. 保存各种指令信息供系统其他部件使用
　　C. 分析指令并进行译码　　　　　　D. 按主频指标的规定发出时钟脉冲
15. 计算机中对数据进行加工与处理的部件，通常称为（　　）。
　　A. 运算器　　　B. 控制器　　　C. 显示器　　　D. 存储器
16. 微型计算机的内存主要包括（　　）。
　　A. RAM、ROM　　　　　　　　　　B. SRAM、DROM
　　C. PROM、EPROM　　　　　　　　 D. CD-ROM、DVD
17. 能直接与CPU交换信息的存储器是（　　）。
　　A. 硬盘　　　B. 软盘　　　C. CD-ROM　　　D. 内存储器
18. 微型计算机中内存储器比外存储器（　　）。
　　A. 读写速度快　　B. 存储容量大　　C. 运算速度慢　　D. 以上三种都可以
19. 下列各存储器中，存取速度最快的一种是（　　）。
　　A. Cache　　　　　　　　　　　　 B. 动态RAM（DRAM）
　　C. CD-ROM　　　　　　　　　　　 D. 硬盘
20. 在微型计算机内存储器中，内容由生产厂家事先写好的是（　　）。
　　A. RAM　　　B. DRAM　　　C. ROM　　　D. SRAM
21. 动态RAM的特点是（　　）。
　　A. 在不断电的条件下，其中的信息保持不变，因而不必定期刷新
　　B. 在不断电的条件下，其中的信息不能长时间保持，因而必须定期刷新才不丢失信息
　　C. 其中的信息只能读不能写
　　D. 其中的信息断电后也不会丢失
22. SRAM存储器的中文含义是（　　）。
　　A. 静态随机存储器　　　　　　　　B. 动态随机存储器
　　C. 静态只读存储器　　　　　　　　D. 动态只读存储器
23. CD-ROM是（　　）。
　　A. 大容量可读可写外存储器　　　　B. 大容量只读外部存储器
　　C. 可直接与CPU交换数据的存储器　 D. 只读内部存储器
24. 随机存储器中，有一种存储器需要周期性地补充电荷，以保证所存储信息正确，它称为（　　）。
　　A. 静态RAM（SRAM）　　　　　　　B. 动态RAM（DRAM）

C. RAM   D. Cache

25. 微型计算机存储系统中，PROM 是（　　）。
   A. 可读写存储器   B. 动态随机存取存储器
   C. 只读存储器   D. 可编程只读存储器

26. 下列几种存储器中，存取周期最短的是（　　）。
   A. 内存储器   B. 光盘存储器   C. 硬盘存储器   D. U 盘存储器

27. 配置高速缓冲存储器（Cache）是为了解决（　　）。
   A. 内存与辅助存储器之间速度不匹配问题
   B. CPU 与辅助存储器之间速度不匹配问题
   C. CPU 与内存储器之间速度不匹配问题
   D. 主机与外设之间速度不匹配问题

28. 下列关于 CPU 的叙述中，正确的是（　　）。
   A. CPU 能直接读取硬盘上的数据   B. CPU 能直接与内存储器交换数据
   C. CPU 主要组成部分是存储器和控制器 D. CPU 主要用来执行算术运算

29. 微型计算机的外存主要包括（　　）。
   A. RAM、ROM、软盘、硬盘   B. 软盘、硬盘、光盘
   C. 软盘、硬盘   D. 硬盘、CD－ROM、DVD

30. 下列各组设备中，全部属于输入设备的一组是（　　）。
   A. 键盘、磁盘和打印机   B. 键盘、扫描仪和鼠标
   C. 键盘、鼠标和显示器   D. 硬盘、打印机和键盘

31. 在微机的配置中常看到 P4 2.4G 字样，其中数字 2.4G 表示（　　）。
   A. 处理器的时钟频率是 2.4 GHz
   B. 处理器的运算速度是 2.4 GIPS
   C. 处理器是 Pentium 4 第 2.4 代
   D. 处理器与内存间的数据交换频率是 2.4 GB/s

32. Pentium 微型计算机是（　　）。
   A. 16 位机   B. 8 位机   C. 32 位机   D. 准 16 位机

33. 微型计算机硬件系统中，最核心的部件是（　　）。
   A. 硬盘   B. CPU   C. 内存储器   D. I/O 设备

34. 下列四项中不属于微型计算机主要性能指标的是（　　）。
   A. 字长   B. 内存容量   C. 重量   D. 时钟频率

35. 用 MIPS 为单位衡量计算机的性能，它指的是计算机的（　　）。
   A. 传输速率   B. 存储器容量   C. 字长   D. 运算速度

36. 在衡量计算机的主要性能指标中，字长是（　　）。
   A. 计算机运算部件一次能够处理的二进制数据位数
   B. 8 位二进制数长度
   C. 计算机的总线宽度
   D. 存储系统的容量

37. 微型计算机中的 386、486 或 586 指的是计算机中的（　　）。

A. 存储容量　　　　　B. 运算速度　　　　　C. 显示器型号　　　　D. CPU 的类型

38. 下列四种设备中，属于计算机输出设备的是（　　）。

A. 扫描仪　　　　　　B. 键盘　　　　　　　C. 绘图仪　　　　　　D. 鼠标

39. 下列叙述中，正确的一条是（　　）。

A. 存储在任何存储器中的信息，断电后都不会丢失

B. 操作系统是只对硬盘进行管理的程序

C. 硬盘装在主机箱内，因此硬盘属于主存

D. 硬盘驱动器属于外部设备

40. 下列设备中，既能向主机输入数据又能接收主机输出数据的设备是（　　）。

A. 打印机　　　　　　B. 显示器　　　　　　C. 软盘驱动器　　　　D. 光笔

41. 下面关于显示器的叙述中，正确的一项是（　　）。

A. 显示器是输入设备　　　　　　　　　　　B. 显示器是输入/输出设备

C. 显示器是输出设备　　　　　　　　　　　D. 显示器是存储设备

42. 下列技术指标中，主要影响显示器显示清晰度的是（　　）。

A. 对比度　　　　　　B. 亮度　　　　　　　C. 刷新率　　　　　　D. 分辨率

43. 下列外设中，属于输入设备的是（　　）。

A. 显示器　　　　　　B. 绘图仪　　　　　　C. 鼠标　　　　　　　D. 打印机

44. 多媒体计算机是指（　　）。

A. 必须与家用电器连接使用的计算机　　　 B. 能处理多种媒体信息的计算机

C. 安装有多种软件的计算机　　　　　　　 D. 能玩游戏的计算机

45. 激光打印机的特点是（　　）。

A. 噪声较大　　　　　　　　　　　　　　　B. 速度快、分辨率高

C. 采用击打式　　　　　　　　　　　　　　D. 以上说法都不是

46. 计算机的价格由（　　）来决定的。

A. 计算机的崭新程度　　　　　　　　　　　B. 计算机中所安装的组件

C. 购买计算机时附加的选项（如服务）　　　D. 以上都正确

47. 下列说法中，正确的是（　　）。

A. 软盘片的容量远远小于硬盘的容量

B. 硬盘的存取速度比软盘的存取速度慢

C. 优盘的容量远大于硬盘的容量

D. 软盘驱动器是唯一的外部存储设备

48. 对于微机用户来说，为了防止计算机意外故障而丢失重要数据，对重要数据应定期进行备份。下列移动存储器中，最不常用的一种是（　　）。

A. 软盘　　　　　　　B. USB 移动硬盘　　　C. USB 优盘　　　　　D. 磁带

49. 下面关于 USB 优盘的描述中，错误的是（　　）。

A. 优盘有基本型、增强型和加密型三种

B. 优盘的特点是质量小、体积小

C. 优盘多固定在机箱内，不便于携带

D. 断电后，优盘还能保持存储的数据不丢失

50. 假设某台式计算机的内存储器容量为 128 MB，硬盘容量为 10 GB。硬盘的容量是内存容量的（　　）。
   A. 40 倍　　　　　B. 60 倍　　　　　C. 80 倍　　　　　D. 100 倍
51. 计算机系统软件中，最核心的是（　　）。
   A. 语言处理系统　　B. 操作系统　　C. 数据库管理系统　　D. 诊断程序
52. 下列四种软件中，属于系统软件的是（　　）。
   A. WPS　　　　　B. Word　　　　　C. DOS　　　　　D. Excel
53. 交互式操作系统允许用户频繁地与计算机对话，下列不属于交互式操作系统的是（　　）。
   A. Windows 系统　　B. DOS 系统　　C. 分时系统　　D. 批处理系统
54. 软件可分为系统软件和（　　）软件。
   A. 高级　　　　　B. 专用　　　　　C. 应用　　　　　D. 通用
55. 对计算机操作系统的作用描述完整的是（　　）。
   A. 管理计算机系统的全部软、硬件资源，合理组织计算机的工作流程，以达到充分发挥计算机资源的效率，为用户提供使用计算机的友好界面
   B. 对用户存储的文件进行管理，方便用户
   C. 执行用户键入的各类命令
   D. 是为汉字操作系统提供运行的基础
56. 计算机可以直接执行的语言是（　　）。
   A. 自然语言　　　B. 汇编语言　　　C. 机器语言　　　D. 高级语言
57. 将高级语言编写的程序翻译成机器语言程序，采用的两种翻译方式是（　　）。
   A. 编译和解释　　B. 编译和汇编　　C. 编译和连接　　D. 解释和汇编
58. 用户使用计算机高级语言编写的程序，通常称为（　　）。
   A. 源程序　　　　B. 汇编程序　　　C. 二进制代码程序　　D. 目标程序
59. 下面是系统软件的是（　　）。
   A. DOS 和 WPS　　　　　　　　　B. Word 和 DOS
   C. DOS 和 Windows　　　　　　　D. Windows 和 MIS
60. 操作系统的接口是（　　）。
   A. 主机与外设　　　　　　　　　B. 用户与计算机
   C. 系统软件与应用软件　　　　　D. 高级语言与低级语言
61. DOS 系统的磁盘目录结构采用的是（　　）。
   A. 表格结构　　　B. 索引结构　　　C. 网状结构　　　D. 树型结构
62. 计算机操作系统通常具有的五大功能是（　　）。
   A. CPU 的管理、显示器管理、键盘管理、打印机管理和鼠标器管理
   B. 硬盘管理、软盘驱动器管理、CPU 的管理、显示器管理和键盘管理
   C. CPU 的管理、存储管理、文件管理、设备管理和作业管理
   D. 启动、打印、显示、文件存取和关机
63. 为解决某一特定问题而设计的指令序列称为（　　）。
   A. 文档　　　　　B. 语言　　　　　C. 程序　　　　　D. 系统

64. Linux 是一种（　　）。
A. 数据库管理系统　　B. 操作系统　　　　C. 字处理系统　　　　D. 鼠标驱动程序

65. C 语言编译器是一种（　　）。
A. 系统软件　　　　　B. 计算机操作系统　　C. 字处理系统　　　　D. 源程序

66. CAD 软件可用来绘制（　　）。
A. 机械零件图　　　　B. 建筑设计图　　　　C. 服装设计图　　　　D. 以上都对

67. 某公司的工资管理程序属于（　　）。
A. 应用软件　　　　　B. 系统软件　　　　　C. 文字处理软件　　　D. 工具软件

68. CAM 软件可用于计算机（　　）。
A. 辅助测试　　　　　B. 辅助制造　　　　　C. 辅助教学　　　　　D. 辅助设计

69. CAI 软件可用于计算机（　　）。
A. 辅助测试　　　　　B. 辅助制造　　　　　C. 辅助教学　　　　　D. 辅助设计

70. 汉字系统中，汉字字库里存放的是汉字的（　　）。
A. 内码　　　　　　　B. 外码　　　　　　　C. 字形码　　　　　　D. 国标码

71. 在 16×16 点阵字库中，每个汉字的字模信息占用的存储字节数是（　　）。
A. 8　　　　　　　　B. 64　　　　　　　　C. 32　　　　　　　　D. 16

72. 一个 48×48 点的汉字字形码需要用（　　）个字节存储。
A. 44　　　　　　　 B. 288　　　　　　　 C. 256　　　　　　　 D. 384

73. 在 32×32 点阵字库中，每个汉字的字模信息占用的存储字节数是（　　）。
A. 256　　　　　　　B. 64　　　　　　　　C. 32　　　　　　　　D. 128

74. 根据国标 GB 2312—1980 的规定，二级汉字编码的个数是（　　）。
A. 7 145　　　　　　B. 7 445　　　　　　C. 3 755　　　　　　D. 3 008

75. 根据国标 GB 2312—1980 的规定，汉字以及各种符号划分为（　　）个区。
A. 90　　　　　　　　B. 67　　　　　　　　C. 94　　　　　　　　D. 100

76. 根据国标 GB 2312—1980 的规定，总计有各类符号和一、二级汉字编码（　　）个。
A. 7 145　　　　　　B. 7 445　　　　　　C. 3 755　　　　　　D. 3 008

77. 国标 GB 2312—1980 字符集中，一级汉字排序的方式是按（　　）。
A. 偏旁部首　　　　　B. 拼音和偏旁部首　　C. 拼音　　　　　　　D. 以上都不对

78. 已知某汉字的区位码是 3222，则其国标码是（　　）。
A. 4252D　　　　　　B. 5242H　　　　　　C. 4036H　　　　　　D. 5524HB

79. 已知英文字母 m 的 ASCII 码值为 6DH，那么字母 q 的 ASCII 码值是（　　）。
A. 70H　　　　　　　B. 71H　　　　　　　C. 72H　　　　　　　D. 6FH

80. 下列字符中，其 ASCII 码值最大的是（　　）。
A. 9　　　　　　　　B. D　　　　　　　　C. a　　　　　　　　D. y

81. 已知某汉字的区位码是 1234，则其国标码是（　　）。
A. 2338D　　　　　　B. 2C42H　　　　　　C. 3254H　　　　　　D. 422CH

82. 已知"装"字的拼音输入码是 zhuang，而"大"字的拼音输入码是 da，则存储它们的内码分别需要的字节个数是（　　）。

A. 6，2 B. 3，1 C. 2，2 D. 3，2

83. 下列四条叙述中，正确的一条是（　　）。
A. 字节通常用"bit"来表示
B. 目前广泛使用的 Pentium 处理器的字长为 5 个字节
C. 计算机存储器中将 8 个相邻的二进制位作为一个单位，这种单位称为字节
D. 微型计算机的字长并不一定是字节的倍数

84. 在表示存储容量时，1M 表示 2 的（　　）次方。
A. 10 B. 11 C. 20 D. 19

85. 字符的 ASCII 编码在机器中的表示方法准确的描述应是（　　）。
A. 使用 8 位二进制代码，最低位为 1 B. 使用 8 位二进制代码，最高位为 0
C. 使用 8 位二进制代码，最低位为 0 D. 使用 8 位二进制代码，最高位为 1

86. 6 位无符号二进制数据表示的最大十进制整数是（　　）。
A. 64 B. 63 C. 32 D. 31

87. 存储容量 1 GB 等于（　　）。
A. 1 024 B B. 1 024 KB C. 1 024 MB D. 128 MB

88. 在表示存储器容量时，KB 的准确含义是（　　）。
A. 1 000 位 B. 1 024 字节 C. 512 字节 D. 2 048 位

89. 十进制数 121 转换成无符号二进制数是（　　）。
A. 01110101 B. 01111001 C. 10011110 D. 01111000

90. 为了避免混淆，在书写十六进制数时，常在后面加的字母是（　　）。
A. H B. O C. D D. B

91. 与十六进制数（BC）等值的二进制数是（　　）。
A. 10111011 B. 10111100 C. 11001100 D. 11001011

92. 16 个二进制位可表示整数的范围是（　　）。
A. 0～65 535 B. -32 768～32 767
C. -32 768～32 768 D. -32 768～32 767 或 0～65 535

93. 与十进制数 291 等值的十六进制数为（　　）。
A. 123 B. 213 C. 231 D. 132

94. 下列一组数据中最大的数是（　　）。
A. $(457)_8$ B. $(1C6)_{16}$ C. $(100110110)_2$ D. $(367)_{10}$

95. 执行二进制逻辑乘运算（即逻辑与运算）01011001∧10100111，其运算结果是（　　）。
A. 00000000 B. 11111111 C. 00000001 D. 11111110

96. 执行二进制算术加运算 11001001+00100111，其运算结果是（　　）。
A. 11101111 B. 11110000 C. 00000001 D. 10100010

97. 下列四条叙述中，正确的一条是（　　）。
A. 假若 CPU 向外输出 20 位地址，则它能直接访问的存储空间可达 1 MB
B. PC 在使用过程中突然断电，SRAM 中存储的信息不会丢失
C. PC 在使用过程中突然断电，DRAM 中存储的信息不会丢失

D. 外存储器中的信息可以直接被 CPU 处理

98. 下列叙述中，错误的是（ ）。

A. 微型计算机不受强磁场的干扰

B. 软盘写保护以后，磁盘上的信息不能删除

C. 在使用别人的软盘时，通常要先检查是否有病毒

D. 微型计算机机房湿度不宜过大

99. 下面四条常用术语的叙述中，错误的是（ ）。

A. 光标是显示屏上指示位置的标志

B. 汇编语言是一种面向机器的低级程序设计语言，用汇编语言编写的源程序计算机能直接执行

C. 总线是计算机系统中各部件之间传输信息的公共通路

D. 读写磁头是既能从磁表面存储器读出信息又能把信息写入磁表面存储器的装置

100. 通常所说的计算机病毒是指（ ）。

A. 细菌感染   B. 被损坏的程序

C. 生物病毒感染   D. 特制的具有破坏性的程序

101. 计算机发现病毒后，最彻底的消除方式是（ ）。

A. 用查毒软件处理   B. 删除磁盘文件

C. 用杀毒药水处理   D. 格式化磁盘

102. 计算机病毒是一种（ ）。

A. 特殊的计算机部件   B. 游戏软件

C. 人为编制的特殊程序   D. 能传染的生物病毒

103. 计算机病毒主要造成（ ）的损坏。

A. 软盘   B. 磁盘驱动器   C. 硬盘   D. 程序和数据

104. 对待计算机软件正确的态度是（ ）。

A. 计算机软件不需要维护

B. 计算机软件只要能复制得到就不必购买

C. 受法律保护的计算机软件不能随便复制

D. 计算机软件不必有备份

105. 为了防止计算机硬件的突然故障或病毒入侵对数据的破坏，对于重要的数据文件和工作资料，在每天工作结束后，通常应（ ）。

A. 直接保存在硬盘之中   B. 用专用设备备份

C. 打印出来   D. 压缩后存储到硬盘中

二、判断题

1. 计算机与其他计算工具的本质区别是能存储数据和程序。（   ）

2. 硬盘上的信息可直接进入 CPU 进行处理。（   ）

3. 计算机操作过程中突然断电，RAM 和 ROM 中保存的信息全部丢失。（   ）

4. 在微型计算机中，任何外设都可以直接与主机进行信息交换。（   ）

5. 在微型计算机应用领域中，会计电算化属于科学计算应用领域。（   ）

6. 新磁盘必须进行格式化后才能使用。（　）
7. 键盘和显示器是微型计算机不可缺少的外部设备，简称为 I/O 设备。（　）
8. 显示器上所显示的内容既有计算机运行的结果，也有用户从键盘输入的内容，所以显示器既是输入设备，又是输出设备。（　）
9. 运算器又称算术逻辑部件，简称为 ALU。（　）
10. 显示适配器是系统总线和显示器之间的接口。（　）
11. 键盘上 Ctrl 键是起控制作用的，它必须与其他键同时按下才能起作用。（　）
12. 硬件系统是指微型计算机主机箱中的所有设备。（　）
13. 系统软件是从市场上买来的软件，而应用软件是用户自己编写的软件。（　）
14. 计算机可以直接执行用高级语言编写的程序。（　）
15. 计算机病毒只会破坏磁盘上程序。（　）
16. 计算机病毒是一种程序代码，目的是破坏和干扰计算机系统正常运行。（　）
17. 计算机病毒可以利用系统、应用软件的漏洞进行传播。（　）
18. 安装了防火墙软件的计算机就不会被病毒干扰和破坏。（　）
19. 在计算机内，多媒体数据最终是以特殊的压缩码形式保存的。（　）
20. 触摸屏是一种快速实现人机对话的工具。（　）

第 2 章

Windows 7 操作系统基础

一、单项选择题

1. Windows 7 是一种（　　）。
   A. 工具软件　　　　B. 操作系统　　　　C. 字处理软件　　　　D. 图形软件
2. Windows 7 的整个显示屏幕称为（　　）。
   A. 窗口　　　　B. 操作台　　　　C. 工作台　　　　D. 桌面
3. 下列关于操作系统的主要功能的描述中，不正确的是（　　）。
   A. 处理器管理　　　　B. 作业管理　　　　C. 文件管理　　　　D. 信息管理
4. Windows 7 中包含称为"小工具"的小程序，这些小程序可以提供即时信息及可轻松访问常用工具的途径，以下不属于"小工具"的是（　　）。
   A. 记事本　　　　B. 天气　　　　C. 日历　　　　D. 源标题
5. Windows 7 系统安装并启动后，由系统安排在桌面上的图标是（　　）。
   A. 资源管理器　　　　　　　　　　B. 回收站
   C. Microsoft Word　　　　　　　　D. Microsoft Foxpro
6. 图标是 Windows 操作系统中的一个重要概念，它表示 Windows 的对象。它可以指（　　）。
   A. 文档或文件夹　　　　　　　　　B. 应用程序
   C. 设备或其他的计算机　　　　　　D. 以上都正确
7. 在 Windows 7 中，为了重新排列桌面上的图标，首先应进行的操作是（　　）。
   A. 右击桌面空白处　　　　　　　　B. 右击"任务栏"空白处
   C. 右击已打开窗口的空白处　　　　D. 右击"开始"菜单空白处
8. 删除 Windows 7 桌面上某个应用程序快捷方式的图标，意味着（　　）。
   A. 该应用程序连同其图标一起被删除
   B. 只删除了该应用程序，对应的图标被隐藏
   C. 只删除了图标，对应的应用程序被保留
   D. 该应用程序连同其图标一起被隐藏
9. 在 Windows 7 中，用"创建快捷方式"创建的图标（　　）。
   A. 可以是任何文件或文件夹　　　　B. 只能是可执行程序或程序组
   C. 只能是单个文件　　　　　　　　D. 只能是程序文件和文档文件
10. 在 Windows 7 中，"任务栏"（　　）。
    A. 只能改变位置，不能改变大小　　B. 只能改变大小，不能改变位置
    C. 既不能改变位置，也不能改变大小　D. 既能改变位置，也能改变大小

11. 在 Windows 7 中，下列关于"任务栏"的叙述，错误的是（　　）。
 A. 可以将任务栏设置为自动隐藏
 B. 任务栏可以移动
 C. 通过任务栏上的按钮，可实现窗口之间的切换
 D. 在任务栏上，只显示当前活动窗口名

12. Windows 7 中，不能在"任务栏"内进行的操作是（　　）。
 A. 设置系统日期的时间　　　　　　B. 排列桌面图标
 C. 排列和切换窗口　　　　　　　　D. 启动"开始"菜单

13. 下列叙述中，正确的是（　　）。
 A. "开始"菜单只能用鼠标单击"开始"按钮才能打开
 B. Windows 任务栏的大小是不能改变的
 C. "开始"菜单是系统生成的，用户不能再设置它
 D. Windows 的任务栏可以放在桌面四个边的任意边上

14. 利用窗口中右上角的控制菜单图标不能实现的操作是（　　）。
 A. 最大化窗口　　B. 打开窗口　　C. 移动窗口　　D. 最小化窗口

15. 当鼠标指针移到窗口边框上变为（　　）时，拖动鼠标就可以改变窗口大小。
 A. 小手　　　　B. 双向箭头　　　C. 四方向箭头　　D. 十字

16. 下列关于 Windows 7 窗口的叙述中，错误的是（　　）。
 A. 窗口是应用程序运行后的工作区　　B. 同时打开的多个窗口可以重叠排列
 C. 窗口的位置和大小都可改变　　　　D. 窗口的位置可以移动，但大小不能改变

17. 在 Windows 7 中，用户同时打开的多个窗口，可以层叠、堆叠或并排显示窗口，要想改变窗口的排列方式，应进行的操作是（　　）。
 A. 右击"任务栏"空白处，然后在弹出的快捷菜单中选取要排列的方式
 B. 右击桌面空白处，然后在弹出的快捷菜单中选取要排序的方式
 C. 打开"资源管理器"窗口，在任何打开库中的库面板（文件列表上方）内，选择排列方式
 D. 打开"资源管理器"窗口，在文件列表空白处单击右键，选择排序方式

18. 在 Windows 7 中，对同时打开的多个窗口进行堆叠排列后，参加排列的窗口为（　　）。
 A. 所有已打开的窗口　　　　　　B. 用户指定的窗口
 C. 当前窗口　　　　　　　　　　D. 除已最小化以外的所有打开的窗口

19. 在 Windows 7 中，对同时打开的多个窗口进行层叠式排列，这些窗口的显著特点是（　　）。
 A. 每个窗口的内容全部可见　　　B. 每个窗口的标题栏全部可见
 C. 部分窗口的标题栏不可见　　　D. 每个窗口的部分标题栏可见

20. 在 Windows 7 中，当一个窗口已经最大化后，下列叙述中错误的是（　　）。
 A. 该窗口可以关闭　　　　　　　B. 该窗口可以移动
 C. 该窗口可以最小化　　　　　　D. 该窗口可以还原

21. 在 Windows 7 下，当一个应用程序窗口被最小化后，该应用程序（　　）。

A. 终止运行　　　　B. 暂停运行　　　　C. 继续在后台运行　　D. 继续在前台运行

22. 在 Windows 7 环境下，实现窗口移动的操作是（　　）。

A. 用鼠标拖动窗口中的标题栏　　　　B. 用鼠标拖动窗口中的控制按钮

C. 用鼠标拖动窗口中的边框　　　　　D. 用鼠标拖动窗口中的任何部位

23. Windows 7 中不能进行窗口最大化操作的是（　　）。

A. 双击窗口的标题栏

B. 将窗口的标题栏拖动到屏幕的顶部

C. 单击窗口的最大化"▢"按钮

D. 将窗口的标题栏拖动到屏幕的左侧或右侧

24. 下列关于 Windows 7 对话框的叙述中，错误的是（　　）。

A. 对话框是提供给用户与计算机对话的界面

B. 对话框的位置可以移动，但大小不能改变

C. 对话框的位置和大小都不能改变

D. 对话框中可能会出现滚动条

25. 在单个显示器中显示并排的两个窗口操作时，对其中的一个窗口可以进行的操作是（　　）。

A. 双击窗口的标题栏

B. 将窗口的标题栏拖动到屏幕的顶部

C. 单击窗口的"最大化"按钮 ▢

D. 将窗口的标题栏拖动到屏幕的左侧或右侧

26. 右击"计算机"图标，并在弹出的快捷菜单中选择"属性"命令，可以直接查看（　　）。

A. 系统属性　　　　B. 控制面板　　　　C. 硬盘信息　　　　D. C 盘信息

27. 在 Windows 7 中，错误的新建文件夹的操作是（　　）。

A. 在"资源管理器"窗口中，单击"工具栏"中的"新建文件夹"按钮

B. 在 Word 程序窗口中，单击"文件"选项卡选择"新建"

C. 右击资源管理器的"文件夹列表"窗口的任意空白处，选择快捷菜单中的"新建"→"文件夹"菜单命令

D. 在"计算机"的某驱动器或用户文件夹窗口中，选择"文件"→"新建"→"文件夹"菜单命令

28. 下列不可能出现在 Windows 7 "资源管理器"窗口导航窗格的选项是（　　）。

A. 计算机　　　　　B. 桌面　　　　　C.（C:）　　　　　D. 资源管理器

29. 在 Windows 7 的"资源管理器"导航窗格，单击文件夹图标左侧的"▲"符号后，屏幕上显示结果的变化是（　　）。

A. 该文件夹的下级文件夹显示在窗口右部

B. 导航窗格显示的该文件夹的下级文件夹消失

C. 该文件夹的下级文件夹显示在窗口左部

D. 文件夹列表显示的该文件夹的下级文件夹消失

30. 在 Windows 7 的"资源管理器"导航窗格，若显示的文件夹图标前带有 ▶ 符号，意

味着该文件夹（　　）。

　　A. 含有下级文件夹　　　　　　　　B. 仅含有文件

　　C. 是空文件夹　　　　　　　　　　D. 不含下级文件夹

31. 在 Windows 7"资源管理器"窗口的"文件夹列表"中，若已选定了所有文件，如果要取消其中几个文件的选定，应进行的操作是（　　）。

　　A. 用鼠标左键依次单击各个要取消选定的文件

　　B. 按住 Ctrl 键，再用鼠标左键依次单击各个要取消选定的文件

　　C. 按住 Shift 键，再用鼠标左键依次单击各个要取消选定的文件

　　D. 用鼠标右键依次单击各个要取消选定的文件

32. 在 Windows 7"资源管理器"的导航窗格中显示的是（　　）。

　　A. 当前打开的文件夹的内容　　　　B. 系统的文件夹树

　　C. 当前打开的文件夹名称及其内容　D. 当前打开的文件夹名称

33. 在 Windows 资源管理器窗口中，对选定的多个对象，不能进行的操作是（　　）。

　　A. 复制　　　　　　　　　　　　　B. 剪切

　　C. 删除　　　　　　　　　　　　　D. 同时对这些对象重命名

34. 在 Windows 7 的"资源管理器"窗口中，若希望显示文件的名称、类型、大小等信息，则应该选择"查看"菜单中的（　　）命令。

　　A. 列表　　　　B. 详细信息　　　　C. 大图标　　　　D. 小图标

35. 在 Windows 7 中，不能用"资源管理器"对选定的文件或文件夹进行更名的操作是（　　）。

　　A. 选择"文件"→"重命名"菜单命令

　　B. 右击要更名的文件或文件夹，选择快捷菜单中的"重命名"菜单命令

　　C. 快速双击要更名的文件或文件夹

　　D. 间隔双击要更名的文件或文件夹

36. 在 Windows 7 的"资源管理器"窗口中，为了将选定的硬盘上的文件或文件夹复制到 U 盘，应进行的操作是（　　）。

　　A. 先将它们删除并放入"回收站"，再从"回收站"中恢复

　　B. 用鼠标左键将它们从硬盘中拖动到 U 盘

　　C. 先选择"编辑"→"剪切"菜单命令，再选择"编辑"→"粘贴"菜单命令

　　D. 用鼠标右键将它们从硬盘拖动到 U 盘，并从弹出的菜单中选择"移动到当前位置"命令

37. 在 Windows 中，回收站是（　　）。

　　A. 内存中的一块区域　　　　　　　B. 硬盘上的一块区域

　　C. 软盘上的一块区域　　　　　　　D. 高速缓存中的一块区域

38. 不能打开"资源管理器"窗口的操作是（　　）。

　　A. 右击"开始"按钮

　　B. 单击"任务栏"空白处

　　C. 选择"开始"→"所有程序"→"附件"→"Windows 资源管理器"菜单命令

　　D. 单击任务栏的图标

39. 按下鼠标左键在同一驱动器不同文件夹内拖动某一对象,结果是(   )。
   A. 移动该对象   B. 复制该对象   C. 无任何结果   D. 删除该对象
40. 按下鼠标左键在不同驱动器不同文件夹内拖动某一对象,结果是(   )。
   A. 移动该对象   B. 复制该对象   C. 无任何结果   D. 删除该对象
41. "资源管理器"中导航窗格与文件夹列表中间的分隔条(   )。
   A. 可以移动   B. 不可以移动   C. 自动移动   D. 以上说法都不对
42. 在"资源管理器"中关于图标升序排列不正确的描述是(   )。
   A. 按名称:表示按文件夹和文件名的字典次序排列图标
   B. 按类型:表示按扩展名的字典次序排列图标
   C. 按大小:表示按文件和文件夹大小次序排列图标,文件排在先
   D. 按日期:表示按修改日期排列,早的在先
43. 下列关于 Windows 7 "回收站"的叙述中,错误的是(   )。
   A. "回收站"可以暂时或永久存放硬盘上被删除的信息
   B. 放入"回收站"的信息可以恢复
   C. "回收站"所占据的空间是可以调整的
   D. "回收站"可以存放 U 盘上被删除的信息
44. 在 Windows 7 中,下列关于"回收站"的叙述中,正确的是(   )。
   A. 不论是从硬盘还是软盘上删除的文件,都可以用"回收站"恢复
   B. 不论是从硬盘还是软盘上删除的文件,都不能用"回收站"恢复
   C. 用 Delete(Del)键从硬盘上删除的文件可用"回收站"恢复
   D. 用 Shift + Delete(Del)键从硬盘上删除的文件可用"回收站"恢复
45. 实行(   )操作,将立即删除选定的文件或文件夹,而不会将它们放入回收站。
   A. 按住 Shift 键,再按 Del 键
   B. 按 Del 键
   C. 选择"文件"→"删除"菜单命令
   D. 打开快捷菜单,选择"删除"菜单命令
46. 在 Windows 下,硬盘中被逻辑删除或暂时删除的文件被放在(   )。
   A. 根目录下   B. 回收站   C. 控制面板   D. 光驱
47. 在 Windows 7 的窗口中,选中末尾带有省略号(…)的菜单意味着(   )。
   A. 将弹出下一级菜单   B. 将执行该菜单命令
   C. 该菜单项已被选用   D. 将弹出一个对话框
48. 在菜单命令前带有对钩记号"√"的,表示(   )。
   A. 选择该命令后弹出一个下拉子菜单   B. 选择该命令后出现对话框
   C. 该选项已经选用   D. 该命令无效
49. 在 Windows 7 中,呈灰色显示的菜单意味着(   )。
   A. 该菜单当前不能选用   B. 选中该菜单后将弹出对话框
   C. 选中该菜单后将弹出下级子菜单 D. 该菜单正在使用
50. 在 Windows 7 中,为了对计算机进行个性化设置,下列操作中正确的是(   )。
   A. 右击"任务栏"空白处,在弹出的快捷菜单中选择"属性"命令

B. 右击桌面空白处，在弹出的快捷菜单中选择"个性化"命令

C. 右击桌面空白处，在弹出的快捷菜单中选择"小工具"命令

D. 右击"资源管理器"文件夹列表空白处，在弹出的快捷菜单中选择"属性"命令

51. 在 Windows 7 中，打开"资源管理器"窗口后，要改变文件或文件夹的显示方式，应使用（　　）。

  A. "编辑"菜单　　B. "查看"菜单　　C. "帮助"菜单　　D. "文件"菜单

52. 在"计算机"中，可以选择（　　）菜单中的"反向选择"命令来放弃已经选中的文件和文件夹，而选中其他尚未选定的文件和文件夹。

  A. 文件　　　　　B. 帮助　　　　　C. 查看　　　　　D. 编辑

53. 在中文 Windows 7 默认环境中，为了实现各种输入方式的切换，应按的键是（　　）。

  A. Shift + 空格　　B. Ctrl + Shift　　C. Ctrl + 空格　　D. Alt + F6

54. 在 Windows 7 默认环境中，中英文输入切换键是（　　）。

  A. Ctrl + Alt　　　B. Ctrl + 空格　　C. Shift + 空格　　D. Ctrl + Shift

55. 在 Windows 7 默认状态下，能够实现全角与半角之间切换的操作是（　　）。

  A. 按 Ctrl + Shift 键　　　　　　B. 按 Shift + 空格键

  C. 按 Ctrl + F9 键　　　　　　　D. 按 Ctrl + 空格键

56. 在中文 Windows 7 的中文标点符号输入状态下，按（　　）键可以输入中文标点符号顿号（、）。

  A. ~　　　　　　B. &　　　　　　C. \　　　　　　D. /

57. 在 Windows 7 的中文标点符号输入状态下，为了输入省略号（……），应按的键是（　　）。

  A. ~　　　　　　B. —　　　　　　C. ^　　　　　　D. @

58. 文件夹存储在（　　）位置，不可以将其包含到库中。

  A. 外部硬盘驱动器　　　　　　　B. 家庭组中的其他机器上

  C. C 驱动器上　　　　　　　　　D. 可移动媒体（如 CD 或 DVD）上

59. 以下选项中不属于 Windows 7 默认库的是（　　）。

  A. 附件　　　　　B. 音乐　　　　　C. 图片　　　　　D. 视频

60. 想选定多个文件，当多个文件不处在一个连续的区域内时，就应先按住（　　）键，再用鼠标逐个单击选定。

  A. Ctrl　　　　　B. Alt　　　　　C. Shift　　　　　D. Del

61. 想选定多个文件，如这多个文件连续成一个区域，则先选定第一个文件，然后按住（　　）键，再在最后一个文件上单击即可。

  A. Ctrl　　　　　B. Alt　　　　　C. Shift　　　　　D. Del

62. 在 Windows 7 中，文件夹名不能是（　　）。

  A. 12% +3%　　　B. 12 $ -3 $　　C. 12 * 3!　　　D. 1&2 = 0

63. 在 Windows 7 中，下列正确的文件名是（　　）。

  A. MY PRKGRAM GROUP. TXT　　　B. FILE1 | FILE2

  C. B < > D. C　　　　　　　　　　D. F? T. DOC

64. 在 Windows 中要更改当前计算机的日期和时间，可以（   ）。
   A. 单击任务栏上通知区域的时间   B. 使用"控制面板"的"区域和语言"
   C. 使用附件   D. 使用"控制面板"的"系统"

65. 在 Windows 7 中，为保护文件不被修改，可将它的属性设置为（   ）。
   A. 只读   B. 存档   C. 隐藏   D. 系统

66. 在 Windows 7 的"资源管理器"窗口的文件夹列表中，若已单击了第一个文件，又按住 Ctrl 键并单击了第 5 个文件，则（   ）。
   A. 有 0 个文件被选中   B. 有 5 个文件被选中
   C. 有 1 个文件被选中   D. 有 2 个文件被选中

67. 在 Windows 7 中，为了将 U 盘上选定的文件移动到硬盘上，正确的操作是（   ）。
   A. 用鼠标左键拖动后，再选择"移动到当前位置"命令
   B. 用鼠标右键拖动后，再选择"移动到当前位置"命令
   C. 按住 Ctrl 键，再用鼠标左键拖动
   D. 按住 Alt 键，再用鼠标右键拖动

68. 以下选项中，不是附件菜单中的应用程序的是（   ）。
   A. 写字板和记事本   B. 录音机
   C. 便笺   D. 回收站

69. 在 Windows 7 中，各个应用程序之间交换信息的公共数据通道是（   ）。
   A. 收藏夹   B. 文档库   C. 剪贴板   D. 回收站

70. 下列关于剪贴板的叙述中，（   ）是错误的。
   A. 凡是有"剪切"和"复制"命令的地方，都可以把选取的信息送到剪贴板中去
   B. 剪贴板中的信息超过一定数量时，会自动清空，以便节省内存空间
   C. 按下 Alt + Print Screen 键或 Print Screen 键都会往剪贴板中送信息
   D. 剪贴板中的信息可以保存到磁盘文件中长期保存

71. 在 Windows 7 默认环境下，下列操作中与剪贴板无关的是（   ）。
   A. 剪切   B. 复制   C. 粘贴   D. 删除

72. 在 Windows 7 默认环境中，下列（   ）组合键能将选定的文档放入剪贴板中。
   A. Ctrl + V   B. Ctrl + Z   C. Ctrl + X   D. Ctrl + A

73. 在 Windows 7 中，若要将当前窗口存入剪贴板中，可以按（   ）键。
   A. Alt + Print Screen   B. Ctrl + Print Screen
   C. Print Screen   D. Shift + Print Screen

74. 下面是将"回收站"和"剪贴板"进行比较的叙述，错误的是（   ）。
   A. "回收站"和"剪贴板"都用于文件内部和文件之间的信息交换
   B. "回收站"是硬盘中的一块区域，而"剪贴板"是内存中的一块区域
   C. "回收站"和"剪贴板"都能暂存信息，"回收站"可将信息长期保存，"剪贴板"则不能
   D. "剪贴板"所占的空间由系统控制，而"回收站"所占的空间可由用户设置

75. 在 Windows 7 中，拖动鼠标执行复制操作时，鼠标光标的箭头尾部（   ）。
   A. 带有"！"号   B. 带有"+"号   C. 带有"%"号   D. 不带任何符号

76. 在 Windows 7 中，若系统长时间不响应用户的要求，为了结束该任务，应使用的组合键是（　　）。
   A. Shift + Esc + Tab　　　　　　　　B. Ctrl + Shift + Enter
   C. Alt + Shift + Enter　　　　　　　 D. Alt + Ctrl + Del

77. 在使用 Windows 7 过程中，不使用鼠标，可以打开"开始"菜单的操作是（　　）。
   A. 按 Ctrl + Shift 键　　　　　　　　B. 按 Shift + Tab 键
   C. 按 Ctrl + Esc 键　　　　　　　　　D. 按 Ctrl + Tab 键

78. 在 Windows 7 默认环境中，下列（　　）选项不能使用"搜索"命令。
   A. 用"开始"菜单中的"搜索框"
   B. 用"资源管理器"窗口中的"搜索框"
   C. 用"计算机"窗口中的"搜索框"
   D. 右击"回收站"图标，然后在弹出的菜单中选择"搜索"命令

79. 在 Windows 7 中，要更改计算机上已安装的程序，正确的操作应该是（　　）。
   A. 打开"资源管理器"窗口，使用鼠标拖动
   B. 打开"控制面板"窗口，单击"程序和功能"图标
   C. 打开 MS – DOS 窗口，使用 copy 命令
   D. 按 Windows 徽标键 + R 组合键访问"运行"命令，在弹出的"运行"对话框中使用 copy 命令

80. 创建"快捷方式"的作用是（　　）。
   A. 允许在不同窗口访问同一对象，而不必将该对象复制到需要打开它的窗口
   B. 便于用户在文件夹中访问该对象，但必须将对象复制到文件夹的目录中
   C. 可方便地同时打开多个对象，并使它们都成为当前活动窗口
   D. "桌面"上所有图标的路径与它们所代表的程序项的路径是一样的

81. 快捷方式和文件本身的关系是（　　）。
   A. 没有明显的关系
   B. 快捷方式是文件的备份
   C. 快捷方式其实就是文件本身
   D. 快捷方式与文件原位置建立了一个链接关系

82. 以下关于 Windows 快捷方式的说法中，正确的是（　　）。
   A. 一个快捷方式可指向多个目标对象　　B. 一个对象可用多个快捷方式
   C. 只有文件夹对象可建立快捷方式　　　D. 不允许为快捷方式建立快捷方式

83. 鼠标的基本操作包括（　　）。
   A. 双击　单击　拖动　执行　　　　　B. 单击　拖动　双击　指向
   C. 单击　拖动　执行　复制　　　　　D. 单击　移动　执行　删除

84. 要关闭正在运行的程序窗口，可以按（　　）键。
   A. Alt + Ctrl　　　B. Alt + F3　　　C. Ctrl + F4　　　D. Alt + F4

85. 在几个任务间切换可用键盘命令（　　）。
   A. Alt + Tab　　　B. Shift + Tab　　C. Ctrl + Tab　　　D. Alt + Esc

86. 要删除一个应用程序，正确的操作应该是（　　）。

A. 打开"资源管理器"窗口，使用鼠标拖动操作

B. 打开"控制面板"窗口，单击"程序和功能"图标

C. 打开"MS-DOS"窗口，使用 Del 命令

D. 按 Windows 徽标键 ⊞ + R 组合键访问"运行"命令，在弹出的"运行"对话框中使用 Del 命令

87. 在运行中输入"cmd"打开 MS-DOS 窗口，返回到 Windows 7 的方法是（　　）。

A. 按 Alt 键，并按 Enter 键　　　　B. 键入 Quit，并按 Enter 键

C. 键入 Exit，并按 Enter 键　　　　D. 键入 win，并按 Enter 键

88. Windows 7 把所有的系统环境设置功能都统一到（　　）。

A. 计算机　　　B. 打印机　　　C. 控制面板　　　D. 资源管理器

89. 要改变字符重复速度的设置，应首先单击控制面板窗口中的（　　）。

A. "鼠标"图标　　B. "显示"图标　　C. "键盘"图标　　D. "系统"图标

90. 关于个性化设置计算机，下列描述错误的是（　　）。

A. 主题是计算机上的图片、颜色和声音的组合

B. 主题包括桌面背景、屏幕保护程序、窗口边框颜色和声音，有时还包括图标和鼠标指针

C. 可以选择某个图片作为桌面背景，也可以以幻灯片形式显示图片

D. 可以选择某个图片作为桌面背景，不可以以幻灯片形式显示图片

91. 在 Windows 7 中，屏幕保护程序的主要作用是（　　）。

A. 保护用户的眼睛

B. 保护用户的身体

C. 个性化计算机或通过提供密码保护来增强计算机安全性的一种方式

D. 保护整个计算机系统

92. 要更改鼠标指针移动速度的设置，应在"鼠标属性"对话框中选择的选项卡是（　　）。

A. 鼠标键　　　B. 指针　　　C. 硬件　　　D. 指针选项

93. 要设置日期分隔符，应首先单击"控制面板"窗口中的（　　）。

A. "日期/时间"图标　　　　　　B. "键盘"图标

C. "区域和语言"图标　　　　　　D. "系统"图标

94. 下列叙述错误的是（　　）。

A. 附件下的"记事本"是纯文本编辑器

B. 附件下的"写字板"也是纯文本编辑器

C. 附件下的"写字板"提供了在文档中插入声频和视频信息等对象的功能

D. 使用附件下的"画图"工具绘制的图片可以设置为桌面背景

95. 在记事本的编辑状态，进行"设置字体"操作时，应当使用（　　）菜单中的命令。

A. 文件　　　B. 编辑　　　C. 搜索　　　D. 格式

96. 在记事本的编辑状态，进行"页面设置"操作时，应当使用（　　）菜单中的命令。

A. 文件　　　　　B. 编辑　　　　　C. 打印　　　　　D. 格式

97. 在写字板的编辑状态，进行"段落对齐"操作时，（　　）是错误的。
A. 左对齐　　　　B. 右对齐　　　　C. 两端对齐　　　D. 居中

98. 在画图的编辑状态，将图画设置为桌面壁纸操作时，应当（　　）。
A. 单击"画图"按钮 ，指向"设置为桌面背景"，然后单击其中一个桌面背景
B. 使用"主页"选项卡
C. 使用"查看"选项卡
D. 单击"画图"按钮 ，然后单击"保存"

99. 利用 Windows 7 附件中的"画图"应用程序可以打开的文件类型包括（　　）。
A. .aui. wav. bmp　　　　　　　　B. .mp3. bmp. gif
C. .bmp. mov. gif　　　　　　　　D. .bmp. gif. jpeg

100. 在 Windows 7 系统的任何操作过程中，都可以使用（　　）键获得帮助。
A. F1　　　　　　B. Ctrl + F1　　　C. Esc　　　　　D. F11

二、判断题

1. 磁盘碎片整理过程不会占用大量的资源，可以经常进行磁盘碎片整理。（　　）
2. 用户不可以对 FAT32 文件系统进行驱动器压缩。（　　）
3. 在 IE 浏览器中，默认情况下，本地 Internet 区域的安全级别设置为"中"。（　　）
4. 在"磁盘属性"对话框"常规"选项卡中能找到"磁盘清理"选项。（　　）
5. 按 Ctrl + W 组合键可以关闭当前窗口。（　　）
6. 对于不使用的输入法，不可以用"文字服务和输入语言"对话框删除。（　　）
7. 在设置鼠标属性时，可在"方案"下拉列表中选择需要的方案来设置操作过程中鼠标指针的形状。（　　）
8. 在设置鼠标属性时，按下 Shift 键时显示鼠标指针的位置。（　　）
9. 选中一个文件夹，单击鼠标左键即可打开。（　　）
10. FAT 是文件分配表（File Allocation Table）的英文缩写。（　　）
11. 文件的路径名表示某个文件存放的位置。（　　）
12. 星号（*）只能代替文件名中的一个字符。（　　）
13. 使用 Delete 键删除的文件是放进回收站里，里面的文件是不能还原的。（　　）
14. 要还原一个文件，用户可以直接将其从回收站里用鼠标拖出。（　　）
15. 要在新硬盘上安装操作系统，必须先对硬盘进行分区。（　　）
16. 使用粘贴操作复制文件（夹）的快捷键是 Ctrl + V。（　　）
17. 要更改一个文件夹的图标，可执行以下操作：右击选定的文件夹→属性→自定义→更改图标。（　　）
18. 按住 Ctrl 键，同时单击要取消的文件，可以取消选中文件。（　　）
19. ???.com 表示文件名为三个字符，扩展名为 com 的文件。（　　）
20. 为了防止某些重要的文件被误删，可以将文件设置为存档属性。（　　）
21. 回收站在每个驱动器上都要为被删除文件准备预留空间。（　　）
22. 用户可以更改文件夹图标，但不能将其更改应用在子文件夹上。（　　）

23. 对鼠标左键的操作只能是单击和双击两种。（   ）

24. 在 Windows 操作系统的"资源管理器"中，不仅对文件及文件夹进行管理，而且还能对计算机的硬件及"回收站"等进行管理。（   ）

25. Windows 操作系统中，可以对双键鼠标左右键的功能进行设定。（   ）

26. 在 Windows 操作系统中，若要选择多个不连续的操作对象，可通过按住 Shift 键的同时，单击操作对象来实现。（   ）

27. 桌面上每个快捷方式图标，均须对应一个应用程序才可运行。（   ）

28. 利用 Windows 操作系统"编辑"栏中的"剪切"→"粘贴"操作，能令文件改变位置。（   ）

29. 在 Windows 中，回收站与剪贴板一样，是内存中的一块区域。（   ）

30. Windows 回收站中的文件不占有硬盘空间。（   ）

三、操作题

1. 在 D:\ 下创建文件夹 ks，在 ks 中建立考生文件夹 abc、123 和 456 文件夹，在文件夹 abc 中创建文件 BOOK.PRG，并把该文件复制到 123 中，改名为 MACRO.FOR，在名为 456 的文件夹中创建 QQ.TXT，并设置其属性为只读和隐藏。

2. 在 D:\ 创建以自己姓名首字母命名的文件夹，在该文件下创建 KEEN、CREAM 和 NERA 三个文件夹，在 NERA 文件夹中新建文件夹 XJ，将 KEEN 文件夹设置成隐藏属性，在 CREAM 中创建文件 TOUR.DOCX 文件，把 TOUR.DOCX 复制到 XJ 文件夹中，并改名为 GMH.TXT，在 NERA 文件夹中创建 TOUR.DOCX 的快捷方式，快捷方式名字为 KJ。

3. 在 D:\ 创建以自己姓名首字母命名的文件夹，在该文件夹下创建 EDIT、BROAD、COMP 文件夹，在 EDIT 文件夹中创建 STUD 文件夹，在 EDIT 文件夹中创建文件 GRASS.FOR，并设置其属性为隐藏，在 BROAD 文件夹中创建 SAM 文件夹，并把该文件夹复制到 COMP 文件夹中，改名为 HALL，把 STUD 文件夹移动到 COMP 文件夹中。

4. 在 D:\ 创建以自己姓名首字母命名的文件夹，在该文件夹中创建 TIUIN、VOTUNA、BENA 和 HWAST，在 TIUIN 中创建文件 ZHUCE.BAS，在 VOTUNA 中创建文件 BOYABLE.DOCX，并把该文件复制到 BENA 中，改名为 SYAD.DOCX，设置 HWAST 文件夹的属性为只读属性、隐藏属性和存档属性。

5. 在 D:\ 创建以自己姓名首字母命名的文件夹，在该文件夹中创建文件夹 GPOP、MICRO、COOK、ZOOM，在 GPOP 中新建文件夹 PUT，在 PUT 中创建 HUX 文件夹，在 MICRO 文件夹中创建文件 XSAK.BAS，将 XSAK.BAS 文件复制到 ZUME 文件夹中，并将其设置为隐藏属性，在 COOK 文件夹中创建文件 BUASS.BAS，将其移动到 ZOOM 文件夹中，重命名为 ASS.BAS。

第 3 章

Word 2010 文字处理软件

一、单项选择题

1. "文件"选项卡中,"关闭"命令的意思是（　　）。
A. 关闭 Word 窗口连同其中的文档窗口,并退到 Windows 窗口中
B. 关闭文档窗口,并退出 Windows 窗口
C. 关闭 Word 窗口连同其中的文档窗口,退到 DOS 状态下
D. 关闭文档窗口,但仍在 Word 内

2. "文件"选项卡中,"退出"命令的意思是（　　）。
A. 关闭 Word 窗口连同其中的文档窗口,并退到 Windows 窗口中
B. 关闭 Word 窗口连同其中的文档窗口,并退到 DOS 窗口中
C. 退出 Word 窗口并关机
D. 退出正在执行的文档,但仍在 Word 窗口中

3. 用控制键（　　）,在每个选项卡上出现字母,再输入相应的字母就会打开此选项卡。
A. Ctrl　　　　B. Alt　　　　C. Shift　　　　D. Ctrl + Shift

4. 在"文件"选项卡有若干个文件名,其意思是（　　）。
A. 这些文件目前均处于打开状态
B. 这些文件正在排队等待打印
C. 这些文件最近用 Word 处理过
D. 这些文件是当前目录中扩展名为 TXT 和 DOC 的文件

5. 在选定栏选择段落可以（　　）该段落。
A. 单击　　　　B. 双击　　　　C. 三击　　　　D. 右击

6. 在 Word 中,不用打开文件对话框就能直接打开最近使用过的 Word 文件的方法是（　　）。
A. 工具栏按钮方法　　　　B. "文件"→"打开"
C. 快捷键　　　　D. "文件"选项卡中的"最近所有文件"

7. 保存 Word 文件的快捷键是（　　）。
A. Ctrl + O　　　B. Ctrl + S　　　C. Ctrl + N　　　D. Ctrl + V

8. 对文件 A.doc 进行修改后退出时,Word 会提问:"是否保存对 A.doc 所做的修改",如要保留原文件,将修改后的文件存为另一文件,应选（　　）。
A. 是　　　　B. 否　　　　C. 取消　　　　D. 帮助

9. 如果想要设置定时自动保存,步骤是（　　）。

A. 文件→另存为→文件对话框

B. 文件→属性

C. 文件→选项→打开"Word 选项"→保存

D. 文件→另存为 Web 页

10. 所有段落格式排版都可以通过菜单（　　）所打开的对话框来设置。

A. 文件→打开　　　　　　　　　　B. 文件→段落

C. 开始→段落　　　　　　　　　　D. 开始→字体

11. 录入英文文件时，大小写切换键是（　　）。

A. Tab　　　　B. CapsLock　　　　C. Ctrl　　　　D. Shift

12. 用鼠标选择输入法时，可以单击屏幕（　　）方的输入法选择器。

A. 左上　　　　B. 左下　　　　C. 右下　　　　D. 右上

13. 删除文本可用快捷键（　　）。

A. Ctrl + C　　　　B. Ctrl + V　　　　C. Ctrl + X　　　　D. Ctrl + Z

14. 在 Word 里，通常定义块包括从起点至终点的所有行中的所有字符，但如果按住（　　）键的同时定义块，则可以定义为一个矩形块。

A. Ctrl + Shift　　　　B. Shift　　　　C. Ctrl　　　　D. Alt

15. 用鼠标选择光标所在单词，可以（　　）该单词。

A. 单击　　　　B. 双击　　　　C. 三击　　　　D. 右击

16. 在 Word 中选定一个句子的方法是（　　）。

A. 单击该句中任意位置　　　　　　B. 双击该句中任意位置

C. 按住 Ctrl 的同时单击句中任意位置　　D. 按住 Ctrl 的同时双击句中任意位置

17. 选择光标所在段落可以（　　）该段落。

A. 单击　　　　B. 双击　　　　C. 三击　　　　D. 右击

18. 选择全文按（　　）键。

A. Ctrl + A　　　　B. Shift + A　　　　C. Alt + A　　　　D. Alt + Shift + A

19. 复制操作的第一步是（　　）。

A. 光标定位　　　　B. 选择文本对象　　　　C. Ctrl + C　　　　D. Ctrl + V

20. 用选项卡方法同样可进行删除、复制、移动等操作，首先单击（　　）选项卡。

A. 文件　　　　B. 开始　　　　C. 视图　　　　D. 插入

21. 打印页码 2~5，10，12 表示打印的是（　　）。

A. 第 2 页，第 5 页，第 10 页，第 12 页

B. 第 2 至 5 页，第 10 至 12 页

C. 第 2 至 5 页，第 10 页，第 12 页

D. 第 2 页，第 3 页，第 5 页，第 10 页，第 12 页

22. 进入数学公式环境是通过单击（　　）来实现的。

A. 文件→打开　　B. 编辑→查找　　C. 插入→对象　　D. 工具→选项

23. 有前后两个段落且段落格式化不同，当删除前一个段落末尾结束标记（回车符）时，（　　）。

A. 两个段落会合并为一段，原先各格式丢失而采用文档默认格式

B. 仍为两段，且格式不变
C. 两段文字合并为一段，并采用原前段格式
D. 两段文字合并为一段，并采用原后段格式

24. 查找的快捷键是（　　）。
A. Ctrl + C　　　　B. Ctrl + V　　　　C. Ctrl + F　　　　D. Ctrl + H

25. 替换的快捷键是（　　）。
A. Ctrl + C　　　　B. Ctrl + V　　　　C. Ctrl + F　　　　D. Ctrl + H

26. 在（　　）视图方式中能看到图文框和使用绘图工具栏的工具绘制的图形。
A. 阅读版式　　　　B. 大纲　　　　C. 页面　　　　D. 所有

27. 进入页眉、页脚编辑区可单击（　　）选项卡，选择页眉、页脚命令。
A. 文件　　　　B. 页面布局　　　　C. 插入　　　　D. 视图

28. 关于 Word 中的页面设置说法，不正确的是（　　）。
A. 每一章都可以有自己的页面设置
B. 默认值是不允许改变的
C. 双击标尺上面刻度以上部位打开页面设置对话框
D. 同一章都可以有不同的页面设置。

29. 可用快捷键（　　）选择输入法。
A. Ctrl + 空格　　　　B. Shift + 空格　　　　C. Ctrl + Shift　　　　D. Alt + Shift

30. 可用快捷键（　　）切换中英文输入。
A. Ctrl + 空格　　　　B. Shift + 空格　　　　C. Ctrl + Shift　　　　D. Alt + Shift

31. 录入文档时，改写、插入切换方式可按（　　）键。
A. Insert　　　　B. Delete　　　　C. Ctrl　　　　D. Alt

32. 在任何时候想得到关于当前打开菜单或对话框内容的帮助信息，可（　　）。
A. 按 F1 键　　　　B. 按 F2 键　　　　C. 按 F3 键　　　　D. 按 F4 键

33. 口令的字符长度应小于或等于（　　）。
A. 6　　　　B. 8　　　　C. 15　　　　D. 12

34. 在 Word 的"插图"组中，不可以直接绘制的是（　　）。
A. 椭圆形、长方形　　　　B. 格式→段落
C. 正圆形、正方形　　　　D. 任意形状的线条

35. 在选定栏选定一行文字的方法是（　　）鼠标左键。
A. 单击　　　　B. 双击　　　　C. 三击　　　　D. 右击

36. 为了看清文件的打印输出效果，应使用（　　）。
A. 大纲视图　　　　B. 页面视图
C. 阅读版式视图　　　　D. Web 版式视图

37. 所有的特殊符号都可通过（　　）选项卡中的"符号"实现。
A. 文件　　　　B. 开始　　　　C. 插入　　　　D. 视图

38. 插入分节符或分页符可通过（　　）实现。
A. 文件→页面　　　　B. 格式→段落
C. 格式→制表位　　　　D. 页面布局→分隔符

39. 分栏排版可通过（　　）实现。

　　A. 开始→字体　　　　　　　　　　B. 插入→分栏

　　C. 页面布局→分栏　　　　　　　　D. 格式→段落

40. 撤销最后一个动作，可用快捷键（　　）。

　　A. Ctrl + W　　　B. Shift + X　　　C. Shift + Y　　　D. Ctrl + Z

41. 首字下沉可通过（　　）实现。

　　A. 插入→插图→首字下沉　　　　　B. 插入→文本→首字下沉

　　C. 格式→分栏→首字下沉　　　　　D. 格式→段落→首字下沉

42. 在 Word 中，"粘贴"按钮呈灰色，（　　）。

　　A. 说明剪贴板有内容，但不是 Word 能使用的内容

　　B. 因特殊原因，该粘贴命令永远不能被使用

　　C. 只有执行了复制命令后，该粘贴命令才能被使用

　　D. 当执行了剪切命令后，该粘贴命令可被使用

43. 在 Word 中，"替换"对话框设定了搜索范围为向下搜索并按"全部替换"按钮，则（　　）。

　　A. 对整篇文档查找并替换当前找到的内容

　　B. 从插入点开始向下查找并替换当前找到的内容

　　C. 从插入点开始向下查找并全部替换匹配的内容

　　D. 从插入点开始向上查找并替换匹配的内容

44. 在编辑 Word 文档时，输入的新字符总是覆盖文档中已输入的字符，（　　）。

　　A. 原因是当前文档正处于改写的编辑方式

　　B. 按 Esc 键可防止覆盖发生

　　C. 连按两次 Insert 搜索，可防止覆盖发生

　　D. 按 Del 键可防止覆盖发生

45. 关于 Word 的编辑表格操作，不正确的是（　　）。

　　A. 编辑表格可以用"绘制表格"和"插入表格"两种方法

　　B. "绘制表格"可以绘制不规则的表格

　　C. "插入表格"适合建立规则表格

　　D. 利用"插入"选项卡中"表格"组中"插入表格"按钮，最多制作 4 行 5 列的表格

46. 在 Word 编辑的内容中，文字下面有红色波浪下划线表示（　　）。

　　A. 已修改过的文档　　　　　　　　B. 以输入的确认

　　C. 可能的拼写错误　　　　　　　　D. 对文本添加了下划线

47. 在 Word 中，下列说明中错误的是（　　）。

　　A. 从文档窗口的标题栏可以看出该文档的文件名

　　B. 单击文档编辑窗口的"×"按钮，可以关闭文档窗口

　　C. 不可以选定多个不连续的文本区域

　　D. 剪贴板上的内容可以多次粘贴

48. 在 Word 的编辑状态打开了一个文档，对文档没做任何修改，随后单击 Word 主窗口标题栏右侧的"关闭"按钮或单击"文件"选项卡中的"退出"命令，则（　　）。

A. 仅文档窗口被关闭　　　　　　　　B. 文档和 Word 主窗口全被关闭
C. 仅 Word 主窗口被关闭　　　　　　D. 文档和 Word 主窗口全未被关闭
49. 在 Word 中，当前正在编辑的文档的文档名显示在（　　）。
A. 工具栏的右边　　B. 文件菜单中　　C. 状态栏　　　　D. 标题栏
50. 在进行（　　）操作时，不能将当前文档存盘。
A. 打开另一文档
B. 单击"文件"选项卡中的"保存"命令
C. 单击"文件"选项卡中的"另存为"命令
D. 单击"文件"选项卡中的"关闭"命令，然后单击"是"按钮
51. 退出 Word 可用快捷键（　　）。
A. Ctrl + F4　　　　B. Alt + F4　　　　C. Alt + X　　　　D. Alt + Shift
52. 在 Word 中，想用新名字保存文件，应（　　）。
A. 选择文件选项卡中的"另存为"命令
B. 选择文件选项卡中的"保存"命令
C. 单击快速访问工具栏的"保存"按钮
D. 复制文件到新命名的文件中
53. 在 Word 中，要复制字符格式而不复制字符，需用（　　）按钮。
A. 格式选定　　B. 格式刷　　　C. 格式　　　　D. 复制
54. 在 Word 的编辑状态下，文档中有一行被选择，当按 Del 键后，（　　）。
A. 删除插入点　　　　　　　　B. 删除被选择的行
C. 删除被选择的行及其之后的内容　　D. 删除插入点及其之后的内容
55. 在 Word 中，每一页都要出现的基本内容一般应放在（　　）中。
A. 文本框　　　B. 脚注　　　　C. 第一页　　　　D. 页眉/页脚

二、判断题

1. 在 Word 中，按 Alt + 空格键组合键可以从汉字输法切换到英文状态。　　（　　）
2. 在 Word 编辑状态下，闪烁的垂直条表示插入点。　　（　　）
3. Word 中表示"加粗"按钮的字母是"B"。　　（　　）
4. 段落标记是在按 Enter 键后产生的。　　（　　）
5. 第一次保存文件时，会弹出名为"保存"的对话框。　　（　　）
6. Word 中段落标记在段落中无法看到。　　（　　）
7. 在 Word 文档中，默认的对齐方式是左对齐。　　（　　）
8. 在 Word 中，只有在普通视图下才能显示页眉和页脚。　　（　　）
9. 删除一行文字时，是将光标置于行首，按住 Delete 键来实现。　　（　　）
10. 在 Word 中，按 Ctrl + S 组合键执行保存操作。　　（　　）
11. 在 Word 文本区里，插入点的形状是闪烁的横线。　　（　　）
12. 首行缩进项目可以在字体设置中完成。　　（　　）
13. 在 Word 中，如果给文档设置了密码，就只能修改文档，不能删除。　　（　　）
14. 打开 Word 文档是把文档的内容从内存中读入并显示出来。　　（　　）

15. 在 Word 中，一个非 Word 格式的标准文件经过转换可以使用。　　　　　（　　）
16. 在 Word 中要选择某句子时，双击该句子中的文本。　　　　　　　　　（　　）
17. 在 Word 中可以同时打开多个文档，当前活动的文档只能有一个。　　　（　　）
18. 在 Word 中，剪切掉的内容就不能再进行恢复了。　　　　　　　　　　（　　）
19. Word 进行打印预览时，可多页同时观看。　　　　　　　　　　　　　（　　）
20. Word 文档可以设置密码，密码只能是数字组成。　　　　　　　　　　（　　）

三、操作题

1. 输入下面文字并编辑排版。

（1）输入下列文字，并以"CPU 模式.docx"为文件名进行保存。

8086/8088 CPU 的最大漠视和最小漠视

为了尽可能适应各种各样的工作场合，8086/8088 CPU 设置了两种工作漠视，即最大漠视和最小漠视。

所谓最小漠视，就是在系统中只有 8086/8088 一个微处理器。在这种系统中，所有的总线控制信号都直接由 8086/8088 CPU 产生的，因此，系统的总线控制电路被减到最少。这些特征就是最小漠视名称的由来。

最大漠视是相对最小漠视而言的。最大漠视用在中等规模的或者大型的 8086/8088 系统中。在最大漠视中，总是包含有两个或多个微处理器，其中一个主处理器就是 8086/8088，其他的处理器称为协处理器，它们是协助主处理器工作的。

（2）格式排版

①将文字所有错词"漠视"替换为"模式"；设置页面纸张大小为 16 开（18.4 厘米 * 26 厘米），上、下边界各位 3 厘米；页面添加橙色阴影边框和内容为"CPU"的文字水印。

②将标题段文字中文设置为小二号红色（标准色）黑体、英文设置为 Arial、红色、四号、字符间距加宽 2 磅、居中，并添加图案为"浅色棚架/自动"的黄色底纹。

③将正文各段文字的中文设置为五号仿宋、英文设置为五号 Arial 字体；各段落左右各缩进 1 字符、段前间距 0.5 行。

④为正文第一段中的 CPU 加一脚注：CentralProcessUnit；为正文第二段和第三段分别添加编号（1）、（2）。

2. 新建一个 Word 空白文档，按下列操作要求完成后以"表格操作.docx"文档进行保存。

（1）制作一个 6 行 6 列表格。设置列宽为 2.2 厘米、表格居中；设置外框线为蓝色 1.5 磅单实线、内框线为浅蓝色 0.5 磅单实线。

（2）在第 1 行第 1 列单元格中添加一条左上右下的红色 0.75 磅单实线对角线；将第 1 列的 4～6 行单元格合并；将第 4 列的 4～6 行单元格拆分为 2 列；设置表格第 1 行为绿色（红色 175、绿色 255、蓝色 100）的底纹。

3. 打开"可怕的无声环境.docx"文档，按照要求完成下列操作并以原文件名保存文档。

（1）将标题段文字设置为三号红色仿宋、加粗、居中，文本效果设置为"阴影"（外部、右下斜偏移）、"文本填充、纯色填充"，填充颜色为"玫瑰红"（红色 255、绿色 100、蓝色100），段后间距设置为0.5行。

（2）给文中所有"环境"一词加双波浪线；将正文各段文字设置为小四号宋体；各段落左右缩进0.5字符；首行缩进2字符，行距设置为1.25倍行距。

（3）将正文第一段分为等宽两栏，栏宽18字符、栏间加分割线。

（4）设置页面颜色为"茶色，背景2，深色10%"；在页面底端插入"普通数字3"样式页码，设置页码编号公式为"i、ii、iii、…"；页面上、下边距各为4厘米；页面垂直对齐方式为"底端对齐"。

4. 打开"世界各类封装市场状况.docx"文档，按照要求完成下列操作并以"世界各类封装市场状况 – 完成.docx"为文件名保存文档。

（1）将文中5行文字转换成一个5行3列的表格，在第2列与第3列之间添加一列，依次输入该列内容："缓冲器""4""40""80""40"，并将表格样式设置为"浅色底纹 – 强调文字颜色3"；设置表格第1行为"橄榄色，强调文字颜色3，淡色40%"底纹。

（2）设置表格第1列宽为1厘米，其余各列宽为2厘米，表格行高为0.7厘米，表格所有单元格的左、右边距均为0.1厘米，表格居中。

（3）设置表格中第1行文字水平居中，其他各行第一列文字中部两端对齐，第2~4列文字中部右对齐。在"所占比值"列中的相应单元格中，按公式"所占比值 = 产值/总值"计算所占比值，计算结果保留2位小数。

（4）设置表格外框线为3磅蓝色单实线，内边框为1磅蓝色单实线，第1、2行之间的内框线为1.75磅蓝色双窄线。

（5）按"所占比例"，依据"数字"类型降序排列表格内容。

5. 打开"宽带发展面临路径.docx"文档，按照要求完成下列操作并以原文件名保存文档。

（1）将文中所有错词"款待"替换为带有着重号的"宽带"。

（2）设置页面颜色为"橙色，强调文字颜色6，淡色80%"；插入内置"奥斯汀"型页面，输入页面内容"互联网发展现状"。

（3）页面纸张大小设置为B5（ISO）（17.6厘米*25厘米），页面左右边距各为2.7厘米；为页面添加红色1磅阴影边框，装订线位置为上。

（4）将标题段文字设置为三号、黑体、红色、倾斜、居中，文本效果设置为内置"渐变填充 – 紫色，强调文字颜色4，映像"样式；将标题段设置为段后间距1行。

（5）设置正文各段首行缩进2字符、20磅行距、段前间距0.5行。设置正文第一段首字下沉两行、距正文0.1厘米；将正文第二段分为等宽的两栏；为正文第二段中的"中国电信"一词添加超链接，链接地址为http://www.189.cn/。

第 4 章

Excel 2010 电子表格软件

一、单项选择题

1. 工作表是指由（   ）行和列构成的一个表格。
   A. 16384，108　　　B. 9192，256　　　C. 65536，108　　　D. 65536，256

2. 在默认条件下，每一工作簿文件会打开（   ）个工作表文件，分别用 Sheet1，Sheet2，…来命名。
   A. 5　　　　　　　B. 4　　　　　　　C. 3　　　　　　　D. 2

3. 如果输入以（   ）开始，Excel 认为单元的内容为一公式。
   A. !　　　　　　　B. =　　　　　　　C. *　　　　　　　D. √

4. 一个 Excel 工作表可最多包含（   ）列。
   A. 150　　　　　　B. 256　　　　　　C. 300　　　　　　D. 400

5. 一个 Excel 工作簿可包含（   ）个工作表。
   A. 8　　　　　　　B. 160　　　　　　C. 200　　　　　　D. 255

6. 当鼠标移到自动填充柄上，鼠标指针变为（   ）。
   A. 双键头　　　　B. 白十字　　　　C. 黑十字　　　　D. 黑矩形

7. 函数 =SUM(3,2,TRUE,FALSE) 的结果为（   ）。
   A. 5　　　　　　　B. 6　　　　　　　C. 4　　　　　　　D. 3

8. 改变活动单元格的内容，可按（   ）键。
   A. F8　　　　　　B. F3　　　　　　C. F2　　　　　　D. F5

9. 活动单元地址显示在（   ）内。
   A. 工具栏　　　　B. 菜单栏　　　　C. 名称框　　　　D. 状态栏

10. 在 Excel 公式中用来进行乘的标记为（   ）。
    A. X　　　　　　B. &　　　　　　C. ^　　　　　　D. *

11. 在工作中，选取不连续的区域时，首先按下（   ）键，然后单击需要的单元格区域。
    A. Ctrl　　　　　B. Alt　　　　　C. Shift　　　　D. Backspace

12. 查看帮助信息可在主窗口的（   ）中进行。
    A. "开始"选项卡　　　　　　　　　B. "数据"选项卡
    C. "视图"选项卡　　　　　　　　　D. "文件"选项卡

13. 可退出 Excel 的方法是（   ）。
    A. 单击"文件"选项卡，再单击"关闭"命令
    B. 单击"文件"选项卡，再单击"退出"命令

C. 单击其他已打开的窗口
D. 单击标题栏上的"－"按钮
14. 保存文档的命令出现在（　）选项卡里。
A. 保存　　　　　　B. 视图　　　　　　C. 文件　　　　　　D. 插入
15. 在 Excel 中，快速访问工具栏中的"恢复"命令能够（　）。
A. 重复上次操作
B. 恢复对文档进行的最后一次操作前的样子
C. 显示上一次操作
D. 显示上两次的操作内容
16. 下面说法正确的是（　）。
A. 一个工作簿可以包含多个工作表　　B. 一个工作簿只能包含一个工作表
C. 工作簿就是工作表　　　　　　　　D. 一个工作表可以包含多个工作簿
17. 绝对地址前面应使用的符号是（　）。
A. *　　　　　　　　B. $　　　　　　　　C. #　　　　　　　　D. ^
18. 单元格中的数据可以是（　）。
A. 字符串　　　　　　　　　　　　　B. 一组数字
C. 一个图形　　　　　　　　　　　　D. A、B、C 都可以
19. 以下是绝对地址的是（　）。
A. $D $8　　　　　　B. $D5　　　　　　C. *A5　　　　　　D. 以上都不对
20. 要调整列宽，需将鼠标指针移至列标标头的边框（　）。
A. 左边　　　　　　B. 右边　　　　　　C. 顶端　　　　　　D. 下端
21. 如果删除了公式中使用的单元格，则该单元格显示（　）。
A. ###　　　　　　　B. ?　　　　　　　　C. *REF!　　　　　　D. 以上都不对
22. 可在工作表中插入空白单元格的命令是（　）。
A. "插入"→"单元格"→"插入"　　　B. "选项"→"单元格"→"插入"
C. "开始"→"单元格"→"插入"　　　D. 以上都不对
23. 如果单元格中的数太大，不能显示时，一组（　）显示在单元格内。
A. ?　　　　　　　　B. *　　　　　　　　C. ERROR!　　　　　D. #
24. 对于建立自定义序列，可使用（　）命令来建立。
A. "文件"→"选项"　　　　　　　　B. "数据"→"选项"
C. "插入"→"选项"　　　　　　　　D. "视图"→"选项"
25. 当输入数字超过单元格能显示的位数时，则以（　）表示。
A. 科学记数法　　　　B. 百分比　　　　　C. 货币　　　　　　D. 自定义
26. Excel 的主要功能是（　）。
A. 表格处理，文字处理，文件管理
B. 表格处理，网络通信，图表处理
C. 表格处理，数据库管理，图表处理
D. 表格处理，数据库管理，网络通信
27. Excel 工作簿文件的扩展名约定为（　）。

A. DOCX B. TXTX C. XLSX D. XLTX

28. Excel 应用程序窗口最后一行称作状态行，Excel 准备接收输入的数据时，状态行显示（ ）。

A. 等待 B. 就绪 C. 输入 D. 编辑

29. 利用 Excel 编辑栏的名称框，不能实现（ ）。

A. 选定区域 B. 删除区域或单元格名称
C. 为区域或单元格定义名称 D. 选定已定义名称的区域或单元格

30. 如果在工作簿中既有一般工作表，又有图表，当执行"文件"→"保存"命令时，Excel 将（ ）。

A. 只保存其中的工作表

B. 只保存其中的图表

C. 把一般工作表和图表保存到一个文件中

D. 把一般工作表和图表分别保存到两个文件中

31. 在 Excel 中，正确的区域表示法是（ ）。

A. a1#d4 B. a1..d5 C. a1：d4 D. a1＞d4

32. 若在工作表中选取一组单元格，则其中活动单元格的数目是（ ）。

A. 1 行单元格 B. 1 个单元格
C. 1 列单元格 D. 被选中的单元格个数

33. 设区域 A1：A8 中各单元格中的数值均为 1，A9 为空白单元，则函数 = AVERAGE（A1：A9）结果与公式（ ）的结果相同。

A. = 8/10 B. = 8/9 C. = 8/8 D. = 9/10

34. 设 Excel 工作表中 A1 单元格中的数据为 TRUE，B1 单元格中的数据为 FALSE，则条件函数 = IF（A1,B1,3）的结果为（ ）。

A. TRUE B. FALSE C. 3 D. 4

35. 函数 = AVERAGE（-1,0,1,2,TRUE,FALSE,7,-3）的结果为（ ）。

A. 0.875 B. 1 C. 1.17 D. 1.4

36. 关于"填充柄"的说法，不正确的是（ ）。

A. 它位于活动单元格的右下角

B. 它的形状是"＋"字形

C. 它可以填充颜色

D. 拖动它可将活动单元格内容复制到其他单元格

37. 如果一个工作簿中含有若干个工作表，则当保存时，（ ）。

A. 存为一个磁盘文件

B. 有多少个工作表就存为多少个磁盘文件

C. 工作表不超过三个就存为一个磁盘文件，否则存为多个磁盘文件

D. 由用户指定存为一个或几个磁盘文件

38. 在 Excel 工作表中，利用 C5 单元格的填充柄形成单元格 D5 中的公式"= \$B\$2 + C4"，则 C5 单元格中的公式为（ ）。

A. = \$A\$2 + B4 B. = \$B\$2 + B4 C. = \$A\$2 + C4 D. = \$B\$2 + C4

39. 在 Excel 工作簿中，至少应含有的工作表个数是（ ）。
   A. 1   B. 2   C. 3   D. 4
40. 在 Excel 工作表中，不正确的单元格地址是（ ）。
   A. C$66   B. $C66   C. C6$6   D. $C$66
41. 下列单元格引用，是混合引用的是（ ）。
   A. SUM(C2:E6)   B. SUM($C$2:$E$6)
   C. SUM(C$2:$E6)   D. SUM(C2:E3)
42. Excel 工作表中，单元格区域 D2:E4 所包含的单元格个数是（ ）。
   A. 5   B. 6   C. 7   D. 8
43. 在 Excel 工作表中，选定某个单元格，单击"开始"选项卡"单元格"组下的"删除"按钮，不可能完成的操作是（ ）。
   A. 删除该行   B. 右侧单元格左移
   C. 删除该列   D. 左侧单元格右移
44. 在 Excel 工作表中，数据库清单中的列标志相当于数据库中的（ ）。
   A. 记录   B. 记录表   C. 字段值   D. 字段名
45. 在 Excel 工作表中，单击某个有数据的单元格，当鼠标为向左方的空心箭头时，仅拖动鼠标可完成的操作是（ ）。
   A. 复制单元格内数据   B. 删除单元格内数据
   C. 移动单元格内数据   D. 不能完成任何操作

二、判断题

1. 在 Excel 中，单元格数据格式只包括数字格式。（ ）
2. 在 Excel 中，函数的输入有两种方法：一种为粘贴函数法，另一种为间接输入法。（ ）
3. 在 Excel 中，若用户在单元格中输入"（5）"，表示数值 5。（ ）
4. 在 Excel 工作表的单元格中使用公式时，可能会出现错误结果。例如，在公式中将一个数除以 0，单元格中就会显示"######"这样的出错值。（ ）
5. 在 Excel 中，用户可根据需求对工作表重新命名，方法是：鼠标双击要重命名的工作表标签，工作表标签将突出显示，再输入新的工作表名，按 Enter 键确定。（ ）
6. 在 Excel 中，图表的大小和类型可以改变。（ ）
7. 如果工作表的数据比较多时，可以采用工作表窗口冻结的方法，使标题行或列不随滚动条移动。（ ）
8. Excel 的数据图表是将单元格中的数据以各种统计图表的形式显示或打印，使数据更直观。当工作表中的数据发生变化时，图表中对应项的图形不会发生变化。（ ）
9. 在 Excel 数据列表的应用中，对数据的排序只能按列进行，如果指定列的数据有部分相同，可以使用多列（次关键字）排序，Excel 允许对不超过 3 列的数据进行排序。（ ）
10. 在 Excel 数据列表的应用中，分类汇总只适用于按一个字段分类，且数据列表的每一列数据必须有列标题，分类汇总前不必对分类字段进行排序。（ ）
11. 在 Excel 中可以将自己喜欢的图片设置为工作表的背景图片。（ ）

12. "混合引用"可以只固定行或固定列,没有被固定的部分,依然会依据相对地址调整引用。（   ）

13. 单元格的"清除"与"删除"功能是相同的。（   ）

14. 排序对话框中的"当前数据清单"中只有有标题行和无标题行两种选择。（   ）

15. 在"Excel"操作中使用保存命令会覆盖原先的文件。（   ）

三、操作题

1. 打开 EXCEL.XLSX 文件。

（1）将 Sheet1 工作表的 A1:G1 单元格合并为一个单元格,内容水平居中;计算三年各月气温的平均值（数值型,保留小数点后 1 位）、最高值和最低值;将 A2:G8 数据区域字体设置为仿宋字体、字体大小 13 号;加双实线外边框;填充浅蓝色底纹。

（2）选取"月份"行和"最大值"行数据区域的内容建立"簇状柱形图"（系列产生在"行"）,标题为"最大值气温统计图",图例显示在底部;将图插入新工作表中,将工作表命名为"最大值气温统计表",保存 EXCEL.XLSX 文件。

2. 打开工作簿文件 EXC.XLSX,完成对各分部销售数量（册）总计的分类汇总（分类字段为"经销部门",汇总方式为"求和",选定汇总项为"数量（册）"）,汇总结果显示在数据上方,工作表名不变,保存 EXC.XLSX 工作簿。

3. 打开工作簿文件 EXCEL2.XLSX,将工作表 Sheet1 的 A1:D1 单元格合并为一个单元格,内容水平居中;计算"销售额=销售数量*单价";在 C6 单元格中输入总计,求得的和放入 D6 单元格内。将工作表命名为"图书销售情况统计表"。

4. 打开工作簿文件 EXC2.XLSX,对工作表"选修课程成绩单"内的数据清单的内容进行自动筛选（自定义）,条件为"课程名称为计算机图形学、成绩大于 80 分",筛选后的工作表还保存在 EXC.XLSX 工作簿文件中,工作表名不变。

5. 打开 EXCEL3.XLSX 文件。

（1）将 Sheet1 工作表的 A1:G1 单元格合并为一个单元格,字体为黑体 24 号字,内容水平居中;计算"利润"列（利润=销售价-进货价）,按降序次序计算各产品利润的排名（利用 RANK 函数）;如果利润大于或等于 600,在"说明"列内给出信息"高利润货物",否则给出信息"一般利润品种"（利用 IF 函数实现）;将工作表命名为"产品利润情况表"。

（2）选择"型号""利润"两列数据,建立"簇状圆柱图",在图表上方插入图表标题为"产品利润情况图",设置横坐标轴的标题为"产品型号"（坐标轴下方标题）,嵌入在工作表 A10:F20 中。

6. 打开工作簿文件 EXC4.XLSX,对工作表"销售情况表"内数据清单的内容建立数据透视表,放入新的工作表中,行标签为"经销部门",列标签为图书名称。计算销售额的总和,保存 EXC.XLSX 文件。

7. 打开工作簿文件 EXC5.XLSX,对工作表"人力资源情况表"内数据清单的内容按主要关键字"部门"的升序次序和次要关键字"组别"的降序次序进行排序。对排序后的数据生成数据透视表,行标签为部门,列标签为职称;数据统计区域求年龄的平均值。保存 EXC.XLSX 文件。

第 5 章

PowerPoint 2010 演示文稿软件

一、单项选择题

1. 利用菜单关闭当前编辑的演示文稿，但不退出 PowerPoint 2010 的操作是（   ）。
   A. 选择"文件"选项卡中的"关闭"命令
   B. 选择"文件"选项卡中的"退出"命令
   C. 选择"文件"选项卡中的"保存"命令
   D. 选择"文件"选项卡中的"帮助"命令

2. PowerPoint 2010 演示文稿文件的默认扩展名是（   ）。
   A. PTTX   B. FPTX   C. PPTX   D. PRG

3. 通过菜单对存放在磁盘中的演示文稿文件进行编辑时，正确的操作方法是（   ）。
   A. 选择"文件"选项卡中的"新建"，再在"新建"文件对话框中选择该文件
   B. 选择"文件"选项卡中的"打开"，再在"打开"文件对话框中选择该文件
   C. 选择"开始"选项卡中的"新建"，再在"查找"文件对话框中选择该文件
   D. 选择"开始"选项卡中的"新建"，再在"定位"文件对话框中选择该文件

4. PowerPoint 2010 的演示文稿具有（   ）视图、幻灯片浏览、备注页和阅读视图。
   A. 普通   B. 动画   C. 页面   D. 联机版式

5. PowerPoint 2010 的各种视图中，专门显示单个幻灯片以进行编辑的视图是（   ）。
   A. 普通视图   B. 幻灯片浏览视图   C. 备注页   D. 阅读视图

6. 能对幻灯片进行移动、删除、复制，但不能编辑幻灯片中具体内容的视图是（   ）。
   A. 幻灯片视图   B. 幻灯片浏览视图   C. 备注页   D. 阅读视图

7. 专用于编辑、修改幻灯片标题和正文的窗格是（   ）。
   A. 幻灯片窗格   B. 幻灯片浏览视图
   C. 幻灯片放映视图   D. 大纲窗格

8. 只能为幻灯片编写注释，不能对幻灯片内容进行编辑操作的窗格是（   ）。
   A. 幻灯片窗格   B. 普通视图   C. 备注窗格   D. 大纲窗格

9. 要在演示文稿的某张幻灯片中插入剪贴画或照片等图形，应在（   ）中进行。
   A. 幻灯片放映视图   B. 幻灯片浏览视图
   C. 幻灯片视图   D. 普通视图

10. 在 PowerPoint 2010 中，同时具有大纲窗格、幻灯片窗格和备注窗格的视图是（   ）。
    A. 幻灯片视图   B. 普通视图   C. 备注视图   D. 大纲视图

11. 在 PowerPoint 2010 的幻灯片浏览视图中，不能进行的工作是（ ）。
   A. 复制幻灯片　　　　　　　　　B. 删除幻灯片
   C. 幻灯片文本的编辑修改　　　　D. 重排所有幻灯片次序
12. 在普通视图中，若幻灯片没插入页码，仍可从（ ）中知道当前幻灯片的页码。
   A. 状态栏　　　B. 菜单栏　　　C. 格式栏　　　D. 图片栏
13. 想改变演示文稿中幻灯片的顺序，能实现且最方便的视图环境是（ ）。
   A. 幻灯片放映　　B. 幻灯片浏览　　C. 备注　　　D. 幻灯片
14. 在幻灯片浏览视图中删除某张幻灯片，先选中它，再按（ ）键。
   A. Alt　　　B. Ctrl　　　C. Shift　　　D. Delete
15. 在普通视图环境下，以下说法正确的是（ ）。
   A. 视图中的三种窗格尺寸大小无法调整，也不能浏览幻灯片外观
   B. 视图中的三种窗格尺寸大小能够调整，但不能浏览幻灯片外观
   C. 尺寸能调整，能编辑幻灯片上的文字，插入/删除图片，但不能浏览幻灯片外观
   D. 既能调整窗格尺寸、编辑文字、插入/删除图片，又能浏览幻灯片外观
16. 对于幻灯片备注来说，以下说法正确的是（ ）。
   A. 备注只能在备注窗格下添加，但放映幻灯片时能显示备注
   B. 备注只能在备注窗格下添加，并且放映幻灯片时不显示
   C. 备注能在备注窗格、大纲窗格和普通窗格下添加，放映幻灯片时能显示备注
   D. 备注不能在普通视图下添加，但放映幻灯片是不显示
17. 对幻灯片上被选定文本的降级操作是指（ ）。
   A. 将文本移到下一张幻灯片上　　　B. 将文本移到上一张幻灯片上
   C. 使文本向左缩进　　　　　　　　D. 使文本向右缩进
18. 对幻灯片上被选定文本的下移操作是指（ ）。
   A. 将文本移到下一张幻灯片上
   B. 将文本移到下一文本行的位置
   C. 将文本移至下一文本行；若当前幻灯片容纳不下，会进入下一张幻灯片
   D. 将文本从幻灯片上彻底移除
19. 幻灯片窗格中每次只能显示一张幻灯片。想显示下一张，可用（ ）键。
   A. PgUp　　　B. PgDn　　　C. 光标上箭头　　　D. Tab
20. 在 PowerPoint 2010 中，改变项目符号可选择（ ）选项卡"段落"组中的"项目符号"命令。
   A. 开始　　　B. 插入　　　C. 设计　　　D. 编辑
21. 在 PowerPoint 2010 中，若给幻灯片更换背景颜色，可执行（ ）选项卡下的"背景"组命令。
   A. 设计　　　B. 开始　　　C. 文件　　　D. 视图
22. 在 PowerPoint 2010 中，要删除幻灯片上的某个占位符，可先选此区，再按（ ）键。
   A. Delete　　　B. Enter　　　C. Ctrl　　　D. Alt
23. 在 PowerPoint 2010 中，增加新幻灯片可在（ ）选项卡中选"幻灯片"组的

"新建幻灯片"。

   A. 开始   B. 编辑   C. 格式   D. 文件

24. 在当前打开的演示文稿上设计简单的基本动画是用（　　）。

   A. "幻灯片放映"选项卡中的"设置"

   B. "动画"选项卡中的"动画"组

   C. "幻灯片放映"选项卡中的"基本动画"

   D. "动画"选项卡中的"高级动画"组

25. 在 PowerPoint 2010 中，若希望在文本占位符以外的区域输入文字，可通过单击"插入"选项卡"文本"组上的（　　）按钮插入文字。

   A. 图表   B. 格式刷   C. 文本框   D. 剪贴画

26. 想在已有的文本区中继续输入文字，只要指向文本区并（　　）鼠标即可。

   A. 双击   B. 三击   C. 单击   D. 四击

27. 在 PowerPoint 2010 中，母版经常用来在幻灯片上（　　）。

   A. 添加图徽   B. 更改版式

   C. 更改模板样式   D. 添加公共内容

28. 在编辑演示文稿的状态下，放映幻灯片可通过（　　）的操作来实现。

   A. 按"幻灯片视图"按钮   B. 按"幻灯片浏览视图"按钮

   C. 按"普通视图"按钮   D. 按"幻灯片放映视图"按钮

29. 通过选择"开始"选项卡"字体"组，能对幻灯片上的文本进行的操作是（　　）。

   A. 只能设置字体

   B. 只能设置字体和字形（倾斜、加粗等）

   C. 只能设置字体、字形、字号

   D. 除能设置字体、字形、字号外，还能设置字体颜色

30. 要想使幻灯片上的图片作为背景，同时防止它盖住任何其他对象，则将鼠标指向此图片后右击，在快捷菜单中选择"叠放次序"，并在新弹出的快捷菜单中选（　　）。

   A. 置于顶层   B. 置于底层   C. 上移一层   D. 下移一层

31. 在 PowerPoint 2010 中欲对幻灯片上文本框内文本或段落进行缩进设置，应在幻灯片的空白处右击，在打开的快捷菜单中选择（　　）。

   A. 行距   B. 网格和参考线   C. 标尺   D. 版式

32. 在 PowerPoint 2010 中欲对幻灯片上文本框内文本或段落进行行距和段落间距的设置，应选择（　　）。

   A. "开始"选项卡"段落"组上的"行距"按钮

   B. "格式"选项卡"段落"组上的"行距"按钮

   C. "视图"选项卡"段落"组上的"行距"按钮

   D. "工具"选项卡"段落"组上的"行距"按钮

33. 在 PowerPoint 2010 中，"竖排文本框"的含义是（　　）。

   A. 幻灯片上的所有文本框都纵向排列

   B. 幻灯片上的部分文本框纵向排列

C. 文本框的高比宽要大

D. 文本框内的文字纵向排列

34. （   ）不是 PowerPoint 2010 的母版类型之一。

A. 大纲母版　　　　B. 幻灯片母版　　　　C. 标题母版　　　　D. 讲义母版

35. 有关幻灯片放映的说法，正确的是（   ）。

A. 整个演示文稿只有制作完才能放映

B. 即使整个演示文稿没有制作完，也能放映

C. 只有在 PowerPoint 软件环境下才能放映幻灯片

D. 不管是否制作完，都能放映；放映时，与是否在 PowerPoint 环境下无关

36. 在 PowerPoint 2010 中，除使用菜单命令外，结束幻灯片的放映还可按（   ）键。

A. Esc　　　　　　B. Pause　　　　　　C. Tab　　　　　　D. Home

37. 在 PowerPoint 2010 中，可以为文本、图形等对象设置动画效果，以突出重点或增加演示文稿的趣味性。设置动画效果可采用（   ）选项卡中的相关命令。

A. "设计"　　　　B. "动画"　　　　C. "幻灯片放映"　　　　D. "视图"

38. PowerPoint 2010 中的"排练计时"功能是指（   ）。

A. 帮助用户在单机环境下学习 PowerPoint 的使用，同时累计学习进度

B. 帮助用户在 Internet 环境下学习 PowerPoint 的使用，同时累计上网时间

C. 帮助用户设计演示文稿中的动画，并控制动画的演示时间

D. 用来设置在自动放映方式下演示文稿中各幻灯片的放映时间

39. 关于标题幻灯片的说法，正确的是（   ）。

A. 它是指演示文稿中的第一张幻灯片

B. 它在演示文稿中只能有一张

C. 它是演示文稿中的第一张幻灯片，并且只能有这一张

D. 是用标题幻灯片版式创建的，一个文稿中可有多张

40. 对 PowerPoint 幻灯片的背景设置有多种方法，下列不能设置背景的是（   ）。

A. 背景　　　　　　B. 幻灯片版式　　　　C. 主题　　　　　　D. 应用设计模板

二、判断题

1. PowerPoint 中，系统为演示文稿提供了四种母版：幻灯片母版、标题母版、讲义母版和备注母版。　　　　　　　　　　　　　　　　　　　　　　　　　　　　（   ）

2. 幻灯片版式中包含了一些称为占位符的虚线框。　　　　　　　　　　（   ）

3. 在幻灯片浏览视图中，文稿中所有的幻灯片都会以缩小图的形式，按次序排列在窗口中。　　　　　　　　　　　　　　　　　　　　　　　　　　　　　　　（   ）

4. 幻灯片插入当前打开的演示文稿中。　　　　　　　　　　　　　　　（   ）

5. 在播放演示文稿时，备注内容也能显示出来。　　　　　　　　　　　（   ）

6. 演示文稿中的内容可以用幻灯片、大纲、讲义、备注等多种形式打印出来。（   ）

7. 要想打开 PowerPoint，只能从开始菜单中选择程序，然后单击 Microsoft Office PowerPoint。　　　　　　　　　　　　　　　　　　　　　　　　　　　　　（   ）

8. 在 PowerPoint 中，用"文本框"工具在幻灯片中添加图片操作时，文本框的大小和

位置肯定不会发生改变。   (   )
9. 在"幻灯片切换"对话框中单击"全部应用",则所有的幻灯片就应用上所设置的切换效果。   (   )
10. 用 PowerPoint 的普通视图,在任一时刻,主窗口内只能查看或编辑一张幻灯片。
                                                      (   )
11. 在幻灯片放映过程中,要结束放映,可按 Esc 键。   (   )
12. 在没有安装 PowerPoint 软件的情况下,也可以播放演示文稿。   (   )
13. 在 PowerPoint 的普通视图下,可以同时显示幻灯片、大纲和备注。 (   )
14. 在 PowerPoint 中,将幻灯片的标题文本颜色一律改为红色,只需在幻灯片母版上做一次修改即可,并且以后的幻灯片上的标题文本也为红色。   (   )
15. 在 PowerPoint,幻灯片中的声音总是在执行到该幻灯片时自动播放。(   )
16. 在 PowerPoint 中,幻灯片的页面可设置为 35 mm 幻灯片。   (   )
17. PowerPoint 幻灯片中的文本、形状、表格、图形和图片等对象都可以作为创建超级链接的起点。   (   )
18. 在 PowerPoint 演示文稿中,不可以直接将 Excel 创建的图表插入幻灯片中。(   )

三、操作题

1. 新建演示文稿,该演示文稿包括三张幻灯片,三张幻灯片的版式都是"标题和内容",幻灯片内容如图 1 所示。

图 1　操作题 1 图

对演示文稿进行如下操作:

(1) 将全部幻灯片的切换效果设置为"擦除",效果选项为"自顶部"。

(2) 将第一张幻灯片的版式改为"两栏内容",在左侧内容区插入一张图片,将第三张幻灯片的文本内容移到第一张幻灯片的右侧内容区,设置第一张幻灯片中图片的动画效果为"形状",效果选项为"方向—缩小",设置文本部分的动画效果为"飞入",效果选项为"自右上部",动画顺序为先文本后图片。

(3) 设置第二张幻灯片的标题内容为"拥有领先优势,胜来自然轻松",标题设为"黑体,加粗,42 磅"。

(4) 在第一张幻灯片前插入一张新的幻灯片,新幻灯片的版式为"标题幻灯片",主标题内容为"成熟技术带来无限动力!",副标题内容为"让中国与世界同步"。

(5) 将第二张幻灯片移为第三张幻灯片,将第一张幻灯片的背景格式的渐变效果设置为预设颜色"雨后初晴",类型为"路径",删除第四张幻灯片。

2. 新建演示文稿,该演示文稿包括三张幻灯片,三张幻灯片的版式都是"标题和内容",幻灯片内容如图 2 所示。

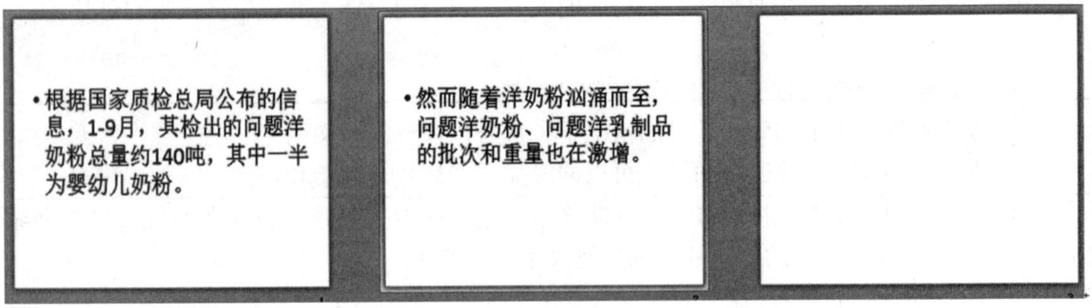

图 2 操作题 2 图

对演示文稿进行如下操作:

(1) 为整个演示文稿应用"平衡"主题,全部幻灯片切换方案为"揭开",效果选项为"自顶部",放映方式为"观众自行浏览"。

(2) 将第二张幻灯片的版式改为"两栏内容",标题内容为"警惕问题洋奶粉",在右侧内容区插入合适的图片,设置图片的"进入"动画效果为"轮子",效果选项为"四轮辐图案"。

(3) 在第一张幻灯片前插入版式为"标题幻灯片"的新幻灯片,主标题内容为"国家质检总局检出问题洋奶粉",副标题为"拒绝问题洋奶粉,保证消费者的安全"。

(4) 在最后一张幻灯片中输入标题"2012 年不合格洋奶粉",在内容区插入 8 行 2 列的表格,表格样式为"中度样式 2 – 强调 2"。

(5) 第二张幻灯片的版式改为"垂直排列标题与文本",并移为第三张幻灯片。

3. 新建演示文稿,该演示文稿包括三张幻灯片,三张幻灯片的版式都是"标题和内容",幻灯片内容如图 3 所示。

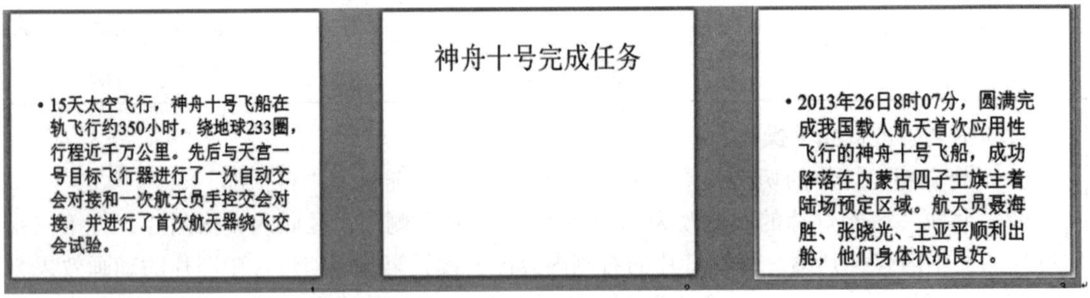

图 3 操作题 3 图

对演示文稿进行如下操作:

(1) 将第二张幻灯片的版式改为"两栏内容",将第三张幻灯片文本移到第二张幻灯片左侧内容区,在右侧内容区插入一张图片。设置图片的"进入"动画效果为"飞旋",持续时间为 2 秒。

(2) 将第一张幻灯片的版式改为"垂直排列标题与文本",标题为"神舟十号飞船的飞行与工作"。在第一张幻灯片前插入一张版式为"空白"的新幻灯片,在位置(水平:1.2厘米,自:左上角,垂直:7.1厘米,自:左上角)插入样式为"填充-蓝色,强调文字颜色6,暖色粗糙棱台"的艺术字"神舟十号载人航天首次应用性飞行",艺术字文字效果为"转换-跟随路径-上弯弧",艺术字宽度为22厘米,高度为6厘米。

(3)删除最后一张幻灯片。

(4)将第一张幻灯片的背景设置为"花束"纹理,全文幻灯片切换方案设置为"华丽型-框",效果选项为"自底部"。

4. 新建演示文稿,该演示文稿包括两张幻灯片,第一张幻灯片的版式为"标题幻灯片",第二张幻灯片的版式为"标题和内容",幻灯片内容如图4所示。

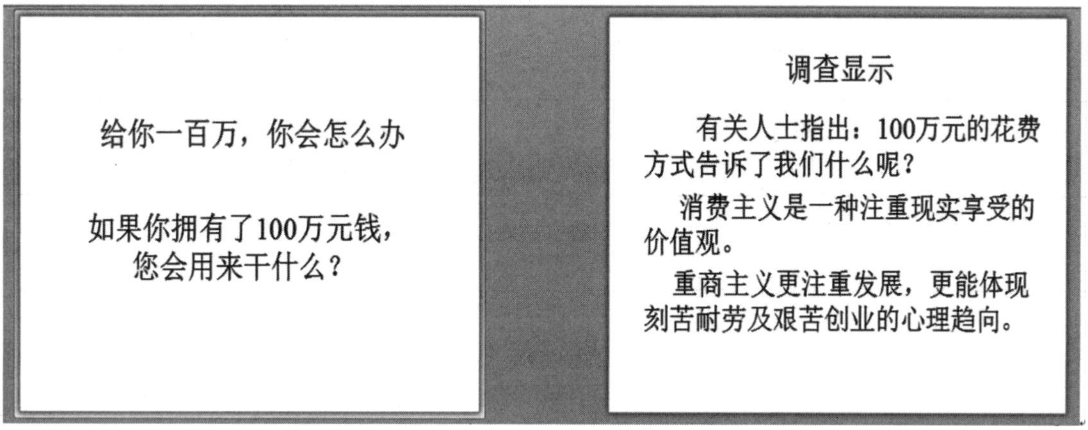

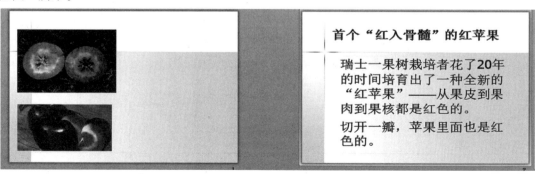

图4 操作题4图

对演示文稿进行如下操作:

(1)将第一张幻灯片副标题的动画效果设置为"进入-切入-自左侧",将第二张幻灯片的版式改为"垂直排列标题与文本",在演示文稿的最后插入一张幻灯片,新插入的幻灯片的版式为"仅标题",输入内容"细说生活得失"。

(2)使用演示文稿设计中的"透视"模板来修饰全文。全部幻灯片的切换效果设置为"覆盖"、自顶部。

5. 打开演示文稿yswg.pptx,按要求完成对此演示文稿的修饰并保存,演示文稿的内容如图5所示。

图5 操作题5图

对演示文稿进行如下操作：

(1) 在第一张幻灯片前插入一张版式为"标题幻灯片"的新幻灯片，主标题输入"瑞士培育出新品种苹果"，副标题为"果肉果核全为红色"。主标题设置为"仿宋_GB2312，52磅，黄色（请用自定义选项卡的红色230、绿色200、蓝色10）"。

(2) 将第三张幻灯片的版式改为"两栏内容"，将第二张幻灯片的上方图片移动到第三张幻灯片的内容区域，文本设置为21磅。

(3) 在第二张幻灯片前插入版式为"比较"的新幻灯片，将第三张幻灯片的图片移入第二张幻灯片的剪贴画区域，将第四张幻灯片文本的第一、第二段移动到第二张幻灯片的文本区域。

(4) 移动第四张幻灯片，使之成为第二张幻灯片，第二张幻灯片的文本设置为30磅字，文本动画设置为"进入-形状"，效果选项为"缩小、菱形"，图片动画设置为"进入-轮子"。

设置母版，使每张幻灯片左下角的文本框（位置：水平：2.96厘米，度量依据：左上角，垂直：17.36厘米，度量依据：左上角）内出现文本"红入骨髓的红苹果"，且文本设置为带下划线的15磅字，删除最后一张幻灯片，全部幻灯片效果为切出。

第 6 章

计算机网络基础

一、单项选择题

1. 计算机网络是指（　　）。
   A. 用网线将多台计算机连接
   B. 配有计算机网络软件的计算机外语学习网
   C. 用通信线路将多台计算机及外部设备连接，并配以相应的网络软件所构成的系统
   D. 配有网络软件的多台计算机和外部设备
2. 计算机网络的目标是实现（　　）。
   A. 数据处理　　　　　　　　　　B. 文件检索
   C. 资源共享和数据传输　　　　　D. 信息传输
3. 第三代计算机通信网络，网络体系结构与协议标准趋于统一，国际标准化组织建立了（　　）参考模型。
   A. OSI　　　　B. TCP/IP　　　　C. HTTP　　　　D. ARPA
4. 在计算机网络中，通常把提供并管理共享资源的计算机称为（　　）。
   A. 服务器　　　B. 工作站　　　　C. 网关　　　　D. 网桥
5. 下列属于计算机网络所特有的设备是（　　）。
   A. 显示器　　　B. UPS 电源　　　C. 服务器　　　D. 鼠标
6. 在计算机网络中，表征数据传输可靠性的指标是（　　）。
   A. 传输率　　　B. 误码率　　　　C. 信息容量　　D. 频带利用率
7. 计算机网络分类主要依据为（　　）。
   A. 传输技术与覆盖范围　　　　　B. 传输技术与传输介质
   C. 互连设备的类型　　　　　　　D. 服务器的类型
8. 计算机网络按照其覆盖的地理范围可以分为（　　）几种基本类型。
   Ⅰ. 局域网　　Ⅱ. 城域网　　Ⅲ. 数据通信网　　Ⅳ. 广域网
   A. Ⅰ和Ⅱ　　　B. Ⅲ和Ⅳ　　　　C. Ⅰ、Ⅱ和Ⅲ　　D. Ⅰ、Ⅱ和Ⅳ
9. 一座大楼内的一个计算机网络系统，属于（　　）。
   A. PAN　　　　B. LAN　　　　　C. MAN　　　　D. WAN
10. 下列网络属于广域网的是（　　）。
    A. 因特网　　　B. 校园网　　　　C. 企业内部网　　D. 以上网络都不是
11. 局域网 LAN（Local Area Network）一般采用（　　）传输方式。
    A. 广播　　　　B. 交换　　　　　C. 存储转发　　　D. 分组转发
12. 网络类型按通信网络的结构分为（　　）。

A. 星形网络、无线网络、电缆网络、树形网络
B. 星形网络、卫星网络、电缆网络、树形网络
C. 星形网络、光纤网络、环形网络、树形网络
D. 星形网络、总线网络、环形网络、树形网络

13. 网络的传输速率是 10 Mb/s，其含义是（　　）。
A. 每秒传输 10M 字节　　　　　　　B. 每秒传输 10M 二进制位
C. 每秒可以传输 10M 个字符　　　　D. 每秒传输 10000000 二进制位

14. 在广域网中使用的网络互联设备是（　　）。
A. 集线器　　　　B. 网桥　　　　C. 交换机　　　　D. 路由器

15. 下列不是计算机网络系统的拓扑结构的是（　　）。
A. 星形结构　　　B. 单线结构　　C. 总线形结构　　D. 环形结构

16. 下面关于双绞线的叙述，不正确的是（　　）。
A. 双绞线一般不用于局域网
B. 双绞线可用于模拟信号传输，也可用于数字信号的传输
C. 双绞线的线扭在一起可以减少相互间的辐射电磁干扰
D. 双绞线普遍适用于点到点的连接

17. 下面关于光纤的叙述，不正确的是（　　）。
A. 光纤由能传导光波的石英玻璃纤维外加保护层构成
B. 用光纤传输信号时，在发送端先要将电信号转换成光信号，而在接收端要由光检测器还原成电信号
C. 光纤在计算机网络中普遍采用点到点连接
D. 光纤不适宜在长距离内保持高速数据传输率

18. 目前网络的有形的传输介质中，传输速率最高的是（　　）。
A. 双绞线　　　　B. 同轴电缆细缆　　C. 光缆　　　　D. 电话线

19. 网卡又可称为（　　）。
A. 中继器　　　　B. 路由器　　　　C. 集线器　　　　D. 网络适配器

20. 构成网络协议的三要素是（　　）。
A. 结构、接口与层次　　　　B. 语法、原语与接口
C. 语义、语法与时序　　　　D. 层次、接口与服务

21. 调制解调器（Modem）包括调制和解调功能，其中调制功能是指（　　）。
A. 将模拟信号转换成数字信号　　　B. 将数字信号转换成模拟信号
C. 将光信号转换为电信号　　　　　D. 将电信号转换为光信号

22. OSI（开放系统互连）参考模型的最高层是（　　）。
A. 表示层　　　　B. 网络层　　　　C. 应用层　　　　D. 会话层

23. WWW 的网页文件是在（　　）传输协议支持下运行的。
A. FTP　　　　　B. HTTP　　　　C. SMTP　　　　D. IP

24. Internet 上访问 Web 信息的是浏览器，下列不是 Web 浏览器的是（　　）。
A. Internet Explorer　　　　B. Navigate Communicator
C. Opera　　　　　　　　　D. Outlook Express

25. TCP/IP 协议的含义是（　　）。
A. 局域网传输协议 B. 拨号入网传输协议
C. 传输控制协议和网际协议 D. 网际协议
26. 通常所说的 OSI 模型分为（　　）层。
A. 4 B. 5 C. 6 D. 7
27. 因特网采用的核心技术是（　　）。
A. TCP/IP 协议 B. 局域网技术 C. 远程通信技术 D. 光纤技术
28. 远程登录服务是（　　）。
A. DNS B. FTP C. SMPT D. TELNET
29. DNS 指的是（　　）。
A. 文件传输协议 B. 用户数据报协议
C. 简单邮件传输协议 D. 域名服务协议
30. FTP 指的是（　　）。
A. 文件传输协议 B. 用户数据报协议
C. 简单邮件传输协议 D. 域名服务协议
31. SMTP 指的是（　　）。
A. 文件传输协议 B. 用户数据报协议
C. 简单邮件传输协议 D. 域名服务协议
32. HTML 是（　　）的描述语言。
A. 网站 B. Java C. WWW D. SMNP
33. TCP 基本上可以相当于 ISO 协议中的（　　）。
A. 应用层 B. 传输层 C. 网络层 D. 物理层
34. 下面 IP 地址正确的是（　　）。
A. 261.86.1.68 B. 201.286.1.68 C. 127.386.1.8 D. 68.186.0.168
35. 目前，因特网使用的 IP 协议的版本号通常为（　　）。
A. 3 B. 4 C. 5 D. 6
36. 域名与 IP 地址一一对应，因特网是靠（　　）完成这种对应关系的。
A. DNS B. TCP C. PING D. IP
37. 接入因特网，从大的方面来看，有（　　）两种方式。
A. 专用线路接入和 DDN B. 专用线路接入和电话线拨号
C. 电话线拨号和 PPP/SLIP D. 仿真终端和专用线路接入
38. Internet Explorer 8.0 可以播放（　　）。
A. 文本 B. 图片 C. 声音 D. 以上都可以
39. 访问某个网页时显示"该页无法显示"，可能是因为（　　）。
A. 网址不正确 B. 没有连接 Internet
C. 网页不存在 D. 以上都有可能
40. 域名系统（DNS）组成不包括（　　）。
A. 域名空间 B. 地址转换请求程序
C. 域名服务器 D. 分布式数据库

41. 下面可能是一个合法的域名的是（　　）。
   A. FTP. PCHOME. CN. COM　　　　B. PCHOME. FTP. COM. CN
   C. WWW. ECUST. EDU. CN　　　　D. WWW. CITIZ. CN. NET

42. 下面不正确的域名是（　　）。
   A. http：//www. people. com. cn　　　B. http：//ftp. tsinghua. com. cn/pub
   C. http：//www. sohu. com：8080　　　D. http：\people. com. cn

43. 下面关于域名内容，正确的是（　　）。
   A. CN 代表中国，COM 代表商业机构
   B. CN 代表中国，EDU 代表科研机构
   C. UK 代表美国，GOV 代表政府机构
   D. UK 代表中国，AC 代表教育机构

44. 主机域名 WWW. EASTDAY. COM，其中（　　）表示网络名。
   A. WWW　　　B. EASTDAY　　　C. COM　　　D. 以上都不是

45. 若某一用户要拨号上网，（　　）是不必要的。
   A. 一个路由器　　　　　　　　B. 一个调制解调器
   C. 一个上网账号　　　　　　　D. 一条普通的电话线

46. 用户拨号上网时，因特网服务供应商一般会（　　）。
   A. 指定用户上网的 IP 地址　　　B. 指定用户的拨号接入电话
   C. 给用户决定接入的用户名　　　D. 给用户指定一个固定的口令

47. 调制解调器的安装可通过（　　）。
   A. 控制面板的"电话和调制解调器选项"图标
   B. 控制面板的"添加/删除程序"图标
   C. 控制面板的"网络连接"图标
   D. 控制面板的"无线网络安装向导"窗口中

48. 下面属因特网服务的是（　　）。
   A. FTP 服务，TELNET 服务，匿名服务，邮件服务，万维网服务
   B. FTP 服务，TELNET 服务，专题讨论，邮件服务，万维网服务
   C. 交互式服务，TELNET 服务，专题讨论，邮件服务，万维网服务
   D. FTP 服务，匿名服务，专题讨论，邮件服务，万维网服务

49. "HTTP"的中文意思是（　　）。
   A. 布尔逻辑搜索　　　　　　B. 电子公告牌
   C. 文件传输协议　　　　　　D. 超文本传输协议

50. 关于 WWW 说法，不正确的是（　　）。
   A. WWW 是一个分布式超媒体信息查询系统
   B. 是因特网上最为先进，但不具有交互性的系统
   C. 万维网包括各种各样的信息，如文本、声音、图像、视频等
   D. 万维网采用了"超文本"的技术，使得用户以通用而简单的办法就可获得因特网上的各种信息

51. 关于 WWW 的描述，正确的是（　　）。

A. WWW 就是 WAIS B. WWW 是超文本信息检索工具
C. WWW 就是 FTP D. WWW 使用 HTTP 协议

52. 以下 URL 地址的写法正确的是（　　）。
A. http：/www.sinacom/index.html B. http://www.sina.com/index.html
C. http//www.sinacom/index.html D. http//www.sina.com/index.html

53. 用户连接匿名 FTP 服务器时，都可以用（　　）作为用户名、以（　　）作为口令登录。
A. Anonymous，自己的电子邮件地址 B. Anonymous，GUEST
C. PUB，GUEST D. PUB，自己的电子邮件地址

54. 关于 FTP 说法，不正确的是（　　）。
A. FTP 是因特网上文件传输的基础，通常所说的 FTP 是基于该协议的一种服务
B. FTP 文件传输服务只允许传输文本文件、二进制可执行文件
C. FTP 可以在 UNIX 主机和 Windows 系统之间进行文件的传输
D. 考虑到安全问题，大多数匿名服务器不允许用户上传文件

55. FTP 中"Get"命令用于（　　）。
A. 文件的上传 B. 文件的下载 C. 查看目录 D. 登录

56. 关于因特网服务的叙述，不正确的是（　　）。
A. WWW 是一种集中式超媒体信息查询系统
B. 远程登录可以使用计算机来仿真终端设备
C. FTP 匿名服务器的标准目录一般为 pub
D. 电子邮件是因特网上使用最广泛的一种服务

57. Internet 的前身是美国国防部资助建成的（　　）网。
A. ARPA B. Internet C. UNIX D. TelNet

58. 目前 Ethernet 局域网的最高数据传输速率可以达到（　　）。
A. 10 Mb/s B. 100 Mb/s C. 622 Mb/s D. 1 Gb/s

59. Internet 网中某一主机域名为 lab.scut.edu.cn，其中最低级域名为（　　）。
A. lab B. scut C. edu D. cn

60. 以下四个 WWW 网址中，不符合 WWW 网址书写规则的是（　　）。
A. www.163.com B. www.nk.cn.edu
C. www.863.org.cn D. www.tj.net.jp

61. 调制解调器（Modem）的作用是（　　）。
A. 将计算机的数字信号转换成模拟信号，以便发送
B. 将模拟信号转换成计算机的数字信号，以便接收
C. 将计算机的数字信号与模拟信号互相转换，以便传输
D. 上网与接电话两不误

62. Internet 的基本服务，如电子邮件 E-mail、远程登录 Telnet、文件传输 FTP 与 WWW 浏览等，它们的应用软件系统设计中都采用了（　　）。
A. 客户机/服务器结构 B. 逻辑结构
C. 层次模型结构 D. 并行体系结构

63. 目前，一台计算机要连入 Internet，必须安装的硬件是（　　）。
   A. 调制解调器或网卡　　　　　　　　B. 网络操作系统
   C. 网络查询工具　　　　　　　　　　D. WWW 浏览器
64. 如果电子邮件到达时，收信人没有开机，那么电子邮件将（　　）。
   A. 保存在服务商的主机上　　　　　　B. 退回给发信人
   C. 过一会对方再重新发送　　　　　　D. 永远不再发送
65. 当电子邮件在发送过程中有误时，则（　　）。
   A. 电子邮件将自动把有误的邮件删除
   B. 邮件将丢失
   C. 电子邮件会将原邮件退回，并给出不能寄达的原因
   D. 电子邮件会将原邮件退回，但不给出不能寄达的原因
66. 电子邮件地址 Wang@263.net 中没有包含的信息是（　　）。
   A. 发送邮件服务器　　　　　　　　　B. 接收邮件服务器
   C. 邮件客户机　　　　　　　　　　　D. 邮箱所有者
67. 下列四项内容中，不属于 Internet（因特网）基本功能的是（　　）。
   A. 电子邮件　　　　　　　　　　　　B. 文件传输
   C. 远程登录　　　　　　　　　　　　D. 实时监测控制
68. 台式 PC 中，挂在主机外面的外置 Modem，与主机连接的接口标准是（　　）。
   A. SCSI　　　　B. IDE　　　　C. RS－232－C　　　　D. IEEE－488
69. 家庭计算机用户上网可使用的技术是（　　）。
   ①电话线加上 Modem　　②有线电视电缆加上 Cable Modem
   ③电话线加上 ADSL　　　④光纤到户（FTTH）
   A. ①，③　　　　B. ②，③　　　　C. ②，③，④　　　　D. ①，②，③，④
70. Internet 是一个覆盖全球的大型互联网络，它用于连接多个远程网与局域网的互连设备主要是（　　）。
   A. 网桥　　　　B. 防火墙　　　　C. 主机　　　　D. 路由器
71. "URL"的意思是（　　）。
   A. 统一资源定位器　　　　　　　　　B. Internet 协议
   C. 简单邮件传输协议　　　　　　　　D. 传输控制协议
72. 用 IE 浏览上网时，要进入某一网页，可在 IE 的 URL 栏中输入该网页的（　　）。
   A. 只能是 IP 地址　　　　　　　　　B. 只能是域名
   C. 实际的文件名称　　　　　　　　　D. IP 地址或域名
73. 浏览器的标题栏显示"脱机工作"，则表示（　　）。
   A. 计算机没有开机　　　　　　　　　B. 计算机没有连接因特网
   C. 浏览器没有联机工作　　　　　　　D. 以上说法都不对
74. Internet Explorer 8.0 主界面"工具"菜单的"Internet 选项"可以完成的功能为（　　）。
   A. 设置主页　　　B. 设置字体　　　C. 设置安全级别　　　D. 以上都可以
75. 目前全球最大的中文搜索引擎是（　　）。

A. Google B. 百度 C. 雅虎 D. 新浪
76. 擅长教育网资源搜索的搜索引擎是（   ）。
A. 雅虎 B. 搜狐 C. 天网 D. 3721
77. 在高级搜索中，不表示同时满足多个关键词的符号是（   ）。
A. AND B. + C. 空格 D. NOT
78. 域名是 Internet 服务提供商（ISP）的计算机名，域名中的后缀.gov 表示机构所属类型为（   ）。
A. 军事机构 B. 政府机构 C. 教育机构 D. 商业公司
79. 在 IE 浏览器中，要保存网址须使用（   ）功能。
A. 历史 B. 搜索 C. 收藏 D. 转移
80. 应用代理服务器访问因特网一般是因为（   ）。
A. 多个计算机使用仅有的一个 IP 地址访问因特网
B. 通过局域网上网
C. 通过拨号方式上网
D. 以上原因都不对
81. 关于代理服务器设置，不正确的是（   ）。
A. 需要在地址内输入代理服务器的地址，但端口号有时可以不填
B. 对不同协议类型的代理服务器地址和端口号可以进行不同设置
C. 可以进行例外地址的设置，在例外地址栏中添加的地址将使用代理服务器
D. 可以对本地地址进行单独设置和处理
82. "E-mail" 一词是指（   ）。
A. 电子邮件 B. 一种新的操作系统
C. 一种新的字处理软件 D. 一种新的数据库软件
83. 一封完整的电子邮件由（   ）。
A. 信头和信体组成 B. 信体和附件组成
C. 主体和信体组成 D. 主题和附件组成
84. 邮件服务器的邮件发送协议是（   ）。
A. SMTP B. HTML C. PPP D. POP3
85. 邮件服务器的邮件接收协议是（   ）。
A. SMTP B. HTML C. PPP D. POP3
86. 电子邮件协议 SMTP 和 POP3 属于 TCP/IP 协议的（   ）。
A. 最高层 B. 次高层 C. 第二层 D. 最低层
87. 在对 Outlook Express 进行设置时，在"接收邮件服务器"栏填写的邮件服务器的地址最可能的是（   ）。
A. SMTP. CITIZ. NET B. WWW. CITIZ. NET
C. POP. CITIZ. NET D. 以上答案都不对
88. 使用@163.com 邮件转发功能可以（   ）。
A. 将邮件转到指定的电子信箱 B. 自动回复邮件
C. 邮件不会保存在收件箱 D. 可以保存在草稿箱

89. 使用电子邮件的首要条件是要拥有一个（　　）。
   A. 网页　　　　　B. 网站　　　　　C. 计算机　　　　　D. 电子邮件地址

90. 关于电子邮件，下列说法中错误的是（　　）。
   A. 发送电子邮件需要 E-mail 软件支持
   B. 发送人必须有自己的 E-mail 账号
   C. 收件人必须有自己的邮政编码
   D. 必须知道收件人的 E-mail 地址

91. elle@nankai.edu.cn 是一种典型的用户（　　）。
   A. 数据　　　　　　　　　　　　B. 硬件地址
   C. 电子邮件地址　　　　　　　　D. WWW 地址

92. 电子邮件地址由两部分组成，用@分开，其中@号前为（　　）。
   A. 用户名　　　B. 机器名　　　C. 本机域名　　　D. 密码

93. 电子邮件应用程序实现 SMTP 的主要目的是（　　）。
   A. 创建邮件　　B. 发送邮件　　C. 管理邮件　　D. 接收邮件

94. 电子邮件应用程序实现 POP3 的主要目的是（　　）。
   A. 创建邮件　　B. 发送邮件　　C. 管理邮件　　D. 接收邮件

95. 当用户向 ISP 申请 Internet 账户时，用户的 E-mail 账户应包括（　　）。
   A. UserName　　　　　　　　　B. MailBox
   C. Password　　　　　　　　　D. UserName、Password

96. 某用户的电子邮件的地址是 Malin@163.com，则它发送邮件的服务器是（　　）。
   A. smtp.163.com　B. Malin@163.com　C. www.163.com　D. pop.163.com

97. 保证网络安全的最主要因素是（　　）。
   A. 拥有最新的防毒防黑软件　　　　B. 使用高档机器
   C. 使用者的计算机安全素养　　　　D. 安装多层防火墙

98. 下列关于网络信息安全的一些叙述中，不正确的是（　　）。
   A. 网络环境下的信息系统比单机系统复杂，信息安全问题比单机更加难以得到保障
   B. 电子邮件是个人之间的通信手段，有私密性，不使用软盘，一般不会传染计算机病毒
   C. 防火墙是保障单位内部网络不受外部攻击的有效措施之一
   D. 网络安全的核心是操作系统的安全性，它涉及信息在存储和处理状态下的保护问题

99. 保证网络安全最重要的核心策略之一是（　　）。
   A. 身份验证和访问控制
   B. 身份验证和加强教育、提高网络安全防范意识
   C. 访问控制和加强教育、提高网络安全防范意识
   D. 以上答案都不对

100. 关于防火墙控制的叙述，不正确的是（　　）。
   A. 防火墙是近期发展起来的一种保护计算机网络安全的技术性措施
   B. 防火墙是一个用以阻止网络中的黑客访问某个机构网络的屏障
   C. 防火墙主要用于防止病毒

D. 防火墙也可称为控制进/出两个方向通信的门槛

二、判断题

1. 网络上任意计算机间都可以交换信息。（　　）
2. 在申请电子信箱时，如果想申请成功，也可以不同意网站要求用户承诺的协议书。（　　）
3. Novell 网的文件服务器上最多可插 4 块网卡。（　　）
4. TCP/IP 属于低层协议，它定义了网络接口层。（　　）
5. 拨号网络中需要调制解调器（Modem）是因为可以拨号连接。（　　）
6. 防火墙的作用是增强网络安全性。（　　）
7. 在 Internet 选项"高级"选项卡中选择"播放网页中的动画"有助于加快网页浏览速度。（　　）
8. 路由器（Router）是用于连接逻辑上分开的多个网络的设备。（　　）
9. 如果某局域网的拓扑结构是总线型结构，则局域网中任何一个节点出现故障都不会影响整个网络的工作。（　　）
10. 互连网络的基本含义是计算机网络与计算机网络互连。（　　）
11. HTTP 是一种高级程序设计语言。（　　）
12. 网络传输介质是决定网络使用性能的关键。（　　）
13. 计算机技术和通信技术是计算机网络技术包含的两个主要技术。（　　）
14. 安装拨号网络组件后，不用重新启动，就可以安装拨号网络适配器了。（　　）
15. 网络适配器是逻辑上将计算机与网络连接起来的器件。（　　）
16. 通过网络互连设备将各种广域网和城域网互连起来，就形成了全球范围内的互联网。（　　）
17. 允许用户在输入正确的保密信息时才能进入系统，采用的方法是命令。（　　）
18. 计算机网络是计算机与通信技术结合的产物。（　　）
19. 互联网（Internet）上一台主机的域名由 5 个部分组成。（　　）
20. Internet 是由美国国防部资助并建立在军事部门。（　　）
21. 电子邮件是互联网（Internet）提供的一项最基本的服务。（　　）
22. E-mail、FTP、TCP/IP、WWW 是 Internet 的主要服务功能。（　　）
23. BBS 是"博客"英文单词的译音。（　　）
24. 一个 Web 可以有多个主页。（　　）
25. 计算机网络是由通信子网和资源子网组成的。（　　）
26. Internet 最初创建的目的是用于军事。（　　）
27. IP 地址是由三个点分隔着 4 个 0～255 的数字组成的。（　　）
28. Outlook Express 是 Windows 系统为用户提供的一个浏览器软件。（　　）
29. 用户没有登录到 Internet 上，不能发送和接收邮件。（　　）
30. 利用 FTP（文件传输协议）的最大优点是可以实现同一机型上不同操作系统之间的文件传输。（　　）

三、操作题

1. 使用 IE 浏览器浏览"http://www.whvtc.net"。

2. 给某位同学发送一封邮件，送上自己的端午节祝福。主题：端午节快乐，内容为：快过端午节了，你最近学习忙吗？祝节日快乐！常联系。

3. 对你收到的关于节日的祝福邮件进行回复。

4. 在 Outlook 2010 中创建联系人。

5. 打开"http://www.whvtc.net"主页，浏览"学院简介"页面，将其页面内容以文本文件保存。